投資工具入門

學習地圖

基本的　正確的　必要的

12/20/'05

stephanie

目錄
contents

跟著我走 ▶

繼續前進吧 ▶

這本書要怎麼看

本書是專為對於「投資工具」感到疑惑、卻不知如何入門的人而打造，共分為11個篇章，針對入門者可能遇到的問題，提供實用的建議與解答，11種顏色識別，方便你查詢及翻閱。

●篇名
「投資工具」入門者最關心的問題，你可以根據個人需求，直接翻到相關篇章。

●大標
回答該篇章所提出的問題，或重點說明。

●內文
根據大標的提示，做清楚、明確的解答。

●Morning Sir
博學、體貼的Morning Sir隨時給你貼心的提醒。

補充更多必要的資訊，幫助你徹底了解「投資工具」。

---

9 投資認購權證　　定義　好處及風險　運作

認購權證是什麼東西？

從字面上解釋，認購權證就是一種「認養、購買」的權利憑證。它的性質有點類似期貨：券商與投資人約定某支個股（權證標的個股）、在某日（到期日）、價格漲至某價格（履約價格）的契約。平時投資人想賺股價上漲的差價時，你必須先買進股票，等待股價上漲之後，再賣出股票賺取獲利。

認購權證的道理和上述做法相似。只不過你不必自己出錢買股票，而是由券商提供股票並明訂投資人獲利價位（履約價），你只需要出一點權利金（認購權證的發行價），買下這一項「認養股價上漲」的權利，同樣可以享受賺錢的樂趣。

以下面的A股為例，認售權證和認購權證的差別在於當A股股價低於20元時，認售權證的投資人才能獲利。

1 A股股價為15元

2 券商發行A股認購權證明定履約價為20元

認購權證獲利圖解

3 投資人購買此認購權證

4 A股股價上漲並高於20元（超過履約價格）

5 認購權證投資人獲得「現股股價減履約價」的利得

認購權、認售權證都是由證券公司發行、從股票衍生出來的投資工具，統稱為「認股權證」。

你可以請求發行權證的券商履約時，給你「現股股價減履約價」的價差金額，或是請求券商以每股20元的履約價格，出售給你A股股票。

●書眉
依篇章內容分類，出現黑色字
體表示該頁的所在位置，方便
你迅速掌握該篇內容。

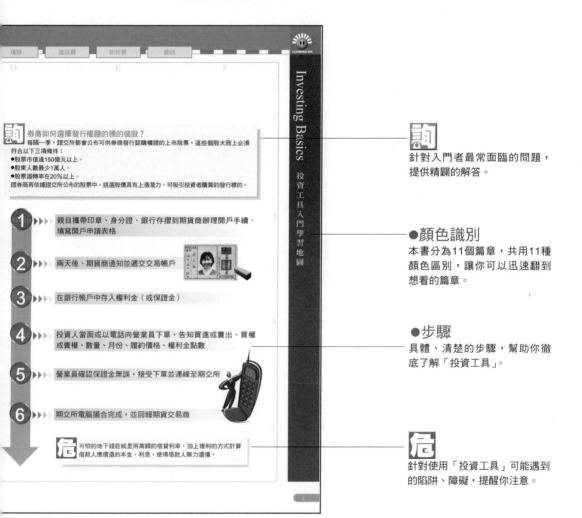

Investing Basics

投資工具入門學習地圖

詢 券商如何選擇發行權證的標的個股？
　　每隔一季，證交所都會公布可供券商發行認購權證的上市股票，這些個股大致上必須符合以下三項條件：
●股票市值達150億元以上。
●股東人數最少1萬人。
●股票週轉率在20%以上。
證券商再依據證交所公布的股票中，挑選股價具有上漲潛力、可吸引投資者購買的發行標的。

1 ▶▶▶▶ 親自攜帶印章、身分證、銀行存摺到期貨商辦理開戶手續、填寫開戶申請表格

2 ▶▶▶▶ 兩天後、期貨商通知並遞交交易帳戶

3 ▶▶▶▶ 在銀行帳戶中存入權利金（或保證金）

4 ▶▶▶▶ 投資人當面或以電話向營業員下單，告知買進或賣出、買權或賣權、數量、月份、履約價格、權利金點數

5 ▶▶▶▶ 營業員確認保證金無誤，接受下單並連線至期交所

6 ▶▶▶▶ 期交所電腦撮合完成，並回報期貨交易商

危 可怕的地下錢莊就是用高額的借貸利率，加上複利的方式計算借款人應償還的本金、利息，使得借款人無力還債。

詢
針對入門者最常面臨的問題，
提供精闢的解答。

●顏色識別
本書分為11個篇章，共用11種
顏色區別，讓你可以迅速翻到
想看的篇章。

●步驟
具體、清楚的步驟，幫助你徹
底了解「投資工具」。

危
針對使用「投資工具」可能遇到
的陷阱、障礙，提醒你注意。

學者地圖

1

價值投資法

國富論

景氣循環

經濟指標

IPO

通貨膨脹

亞洲金融危機

我為什麼要投資？

投資有什麼好處和風險？許多人以為投資可以一夕致富，錯！唯有建立正確的
投資觀念，才能達成累積財富的目標。

本 篇 提 要

- 了解投資的重要
- 學習正確的投資觀念
- 認識投資的風險

Learning Map

為什麼要投資？

「投資股票」、「投資基金」、「投資債券」，每個人都說：要趕快投資！但是你有沒有真正想過：我為什麼要投資？投資可以為我帶來什麼好處？我可以不投資嗎？其實投資不只是為了致富，投資更是為你留住金錢的價值。

投資的好處

1 打敗通貨膨脹，保住錢的價值

5年前，100元可以買到7至8個麵包，現在卻只能買到約5個麵包而已，錢的價值正隨著「通貨膨脹」的侵蝕而逐漸減少。想要留住金錢的價值，就應該把錢放在會增值的地方，這就是大家常說的「投資保值」的意義。

5年前 ➡ ➡ 買7至8個麵包

現 在 ➡ ➡ 買5個麵包

100元

什麼是通貨膨脹？

通貨膨脹是指經濟在穩定成長的過程中，民生物品的價格會因為勞動力及其他事務費用上升而上漲，也就是說流通的物品價格呈現一年比一年高的現象。從金錢購買力的角度而言，物價上漲就會形成金錢的購買力越來越弱。例如20年前，150元可以坐150次台北市公車；現在由於公車票價上漲了，坐一次公車要15元，所以150元只能坐10次，金錢的價值明顯變薄了。

2 發揮複利效應，達成致富目的

你想發財致富嗎？幾乎每個人的答案都是肯定的。如果只靠從每個月薪水中存下一萬元，20年後你的銀行存摺最多出現200多萬元。只有透過投資，才能發揮複利的效果，讓你早一步達到致富的境界。

3 利用錢滾錢，縮短累積財富的時間

俗語說：「錢四隻腳，人兩隻腳」，意思是指憑著人們的雙手，永遠也追不上對金錢的欲望。因此除了憑著個人的努力去賺錢之外，我們還應該靠著「學習投資」的知識，發揮「以錢賺錢」的投資效益，如此才能縮短累積財富的時間。

通膨和投資有什麼關係？

　　大家常說：「通貨膨脹使得錢變薄了！」究竟什麼是通貨膨脹？通貨膨脹發生的原因是什麼？如何才能對抗通貨膨脹？弄清楚通貨膨脹之後，你就知道投資的重要性了。

通貨膨脹發生的原因

通貨膨脹之所以存在，主要是因為經濟持續成長，帶動了整體物價上漲，連帶削弱了金錢的購買能力，我們可以從以下的實際狀況來看看通貨膨脹到底是如何發生的：

通貨膨脹發生的流程

1 ▶▶▶ 經濟景氣處於低檔期，企業靠著研發新產品、新製程技術提高了獲利、降低了成本。

2 ▶▶▶ 企業提高了獲利、降低了成本，公司的盈餘也不斷地成長，企業開始擴廠徵人、為員工加薪。

3 ▶▶▶ 人人有工作、失業率降低、月薪增加，民眾的消費能力跟著增強。

4 ▶▶▶ 民眾的消費能力增強，市面上的商品需求跟著增加，有的甚至出現供不應求的局面。

▶▶▶▶ 廠商開始採取以價制量策略，提高產品價格。或為了賺取更多利潤而提高產品價格，造成物價全面上漲。

 ▶▶▶▶ 物價全面上漲，以前15元可以坐三趟公車，現在只能坐一趟公車；以前20元可以買4個麵包，現在只能買一個麵包。

通貨膨脹如何讓錢變薄

理財專家常說：通貨膨脹像一隻怪獸，它會慢慢地吃掉金錢的購買能力。究竟通貨膨脹這隻怪獸是如何吃掉金錢的購買能力？我們一起來看看以下的計算對照表格：

$$\text{金錢的最終購買價值} = \text{現值} \times (1 - \text{通貨膨脹率})^n \qquad n = \text{年數}$$

例如：小華現在有100元現金，假設每年的通貨膨脹率為2%，明年小華手中的這100元的購買價值，就只剩下 $100 \times (1-2\%) = 98$ 元

5年後，小華手中的這100元的購買價值，就只剩下 $100 \times (1-2\%)^5 = 90.39$ 元。如果小華不把這100元做有效率的投資，錢最後只會越變越薄。

$$\text{5年後100元的購買價值} = \text{現有100元現金} \times (1 - \text{通貨膨脹率}2\%)^5 = 90.39\text{元}$$

A B C

複利對投資的重要性

　　了解通貨膨脹吃錢的威力之後，你也要了解複利對投資有什麼影響力，其實「複利」的力量遠超過一般人所能想像。正因為複利有著如此強大的增值力量，如果把它運用在投資上，就能為我們輕鬆達成「錢滾錢」的目標。

複利是世界上最強大的力量

什麼是複利呢？複利最簡單的解釋就是「利上加利」——本金放在銀行中所生的利息，再放入本金之中繼續衍生利息。如果你的每一項投資，都能發揮複利的最大效益，那麼投資的成果將會因為複利而大到無法想像。
發明相對論的著名科學家——愛因斯坦曾經一針見血地表示：世界上最強大的力量就是「複利」。

複利如何產生作用？

複利總金額的計算公式如下：

$$複利的最終總金額 = 現值 \times (1＋複利率)^n \qquad n＝期數$$

舉實際的例子來說，假設小明以月複利率3%的方式，向早安財經借款10萬元，一年後經過複利的累積，小明積欠早安財經的本利和就累積到14萬2千多元。

$$小明的欠繳總金額 = 10萬 \times (1＋3\%)^{12} = 142576元$$

平均小明一年的借款利率高達42%，幾乎是目前銀行放款利率的6倍之多。

可怕的地下錢莊就是用高額的借貸利率，加上複利的方式計算借款人應償還的本金、利息，使得借款人無力還債。

Learning Map

報酬率越高，複利效應越大

複利既然是「利上加利」，所以要讓複利越滾越多，第一個關鍵就是利率要越高越好。

例如從下面的複利圖所示，以投資報酬率10％與20％相比，兩者同樣累積25年之後，彼此的本利和最後相差10倍之多。所以由此可以看出：選擇投資報酬率高的投資工具，讓它充分發揮複利的效應，就能輕鬆致富。

本金一元所產生的複利效應

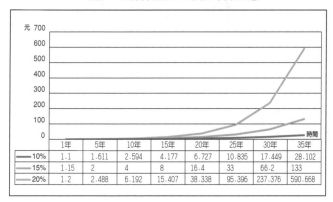

	1年	5年	10年	15年	20年	25年	30年	35年
10%	1.1	1.611	2.594	4.177	6.727	10.835	17.449	28.102
15%	1.15	2	4	8	16.4	33	66.2	133
20%	1.2	2.488	6.192	15.407	38.338	95.396	237.376	590.668

時間越長，複利效應越大

複利的另一個關鍵要素是「時間」，時間累積越長，複利的效果就越顯著。從複利圖中我們可以清楚地看見：同樣是20％的複利利率，一塊錢累積25年的本利和還不到100元，但是只要再多存個10年，本利和馬上就暴增到590元。

從上面「時間就是金錢」的例子中可以解釋：為什麼投資專家總是希望我們趁年輕時，及早存錢、及早投資，以便讓資金充分發揮複利遞增的效果。

學習正確的投資觀念

「投資就是賺大錢！」其實這是一種錯誤的觀念，但是至少一半以上的投資人都是抱持這種想法，結果這些投資人幾乎全部以虧損作收。所以，想要在投資的領域裡滿載而歸，首先你一定要建立正確的投資觀念。

投資不只是為了賺大錢，那麼到底投資有哪些值得注意的正確觀念？你應該謹記以下「投資三不」守則：

「投資三不」守則

1 投資不是投機

老一輩的親友時常提醒年輕人：「買股票像賭博」、「投資就是投機，還是老實打拼卡實在。」其實這些都是過時的觀念，只要心無邪念，別期待投資一夕致富，投資致富靠的是自己努力研究投資環境及標的，靠的是自己有恆心、有毅力地持續努力，所以投資賺到的錢是心安理得的錢，投資絕對不等於「投機」。

所以，你可以大膽地去學習投資，並且把你目前的投資狀況告訴親朋好友，大家彼此交換投資心得，絕對比自己畏首畏尾、害怕被人恥笑為「投機分子」更好。

獲利

努力研究

投資環境

投資標的

投資

2 投資不會一夕致富

有太多太多理財雜誌或專家都舉過某一個投資人,在極短的時間內賺到人生第一個一百萬元的例子。但是他們的用意絕對不是鼓勵「一夕致富」的投資觀念,因為投資不會讓你一夕致富,即使讓你在極短時間內致富,這樣的財富也絕對不會長久。所以準備投資前,請你首先揚棄「一夕致富」的錯誤觀念,只有腳踏實地、認真充實自己在投資領域的經驗及知識,才能讓你從投資中獲得財富。

3 投資不能一成不變

投資環境深受全球景氣的影響,因此投資市場不會永遠熱絡、也不會永遠蕭條。投資人除了必須時時自己做功課,注意全球景氣的變化、篩選未來產業明星之外,為了順應投資局勢的變遷,投資人還要隨時注意投資市場的脈動,以便立即調整投資策略。

投資有什麼風險？

「水能載舟，亦能覆舟」，投資也和流水一樣，能為投資人帶來獲利，也能帶來虧損的風險。任何投資都會帶來或多或少的風險，而且高額的投資報酬往往隱藏著高額的投資風險，但是只要在投資前認清風險、做好規避風險的準備，投資獲利依然是輕易可得的事。

投資的風險種類

任何投資都會帶來部分的投資風險，這些投資風險的種類往往依據不同的情況而有所不同。所以當你決定投資時，你至少要認知以下的三種風險：

1 價格波動風險

投資標的價格出現波動，投資才會出現獲利或虧損，不過沒有人能準確地預測投資標的物的價格波動情形，因為這項價格常常受到理性（例如景氣變壞）及非理性（例如主力倒貨）因素的影響，而出現超出預期的走勢。

2 單一市場變動風險

雖然全球的經濟景氣總是相互連動，但是各國的經濟優勢及環境畢竟大不相同，全球各國的投資市場多空走向也各不相同，所以當你把本錢都投資在同一個區域或國家的投資市場時，很可能因為這個區域或國家的投資市況不佳，而讓你的投資出現嚴重虧損。

3 突發利空風險

任何人都無法預測投資市場中何時會出現利空消息，美國911恐怖攻擊事件、台灣921大地震等利空消息發生後，後續都造成投資市場一片慘烈的崩盤走勢。只要你參與投資，這些突發性利空的風險誰也躲不掉。

 投資能帶來獲利，也必定帶來風險。我們不能因為風險而不去投資，我們應該去找出規避風險、降低風險的方法才對。　～美國富商 富比士

規避風險的方法

雖然前述的投資風險無可避免，但是絕對不能因為無法避免而放棄投資。我們可以利用投資方式及策略，把這些投資風險降至最低的程度。以下4種方法可以有效地幫你規避投資風險：

1 拉長投資時間

美國華爾街券商曾經針對投資全美500大企業股票的盈虧，與持有時間的關聯性提出長期的統計及研究，最後他們發現賺錢與賠錢的機率大致如下：

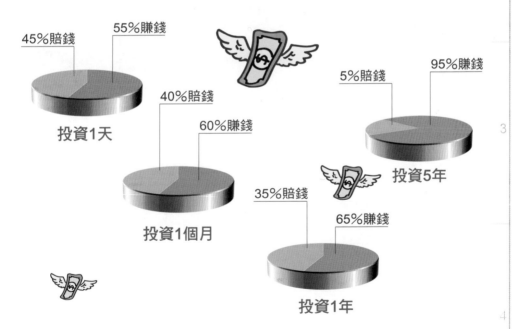

45％賠錢　55％賺錢

投資1天

40％賠錢　60％賺錢

投資1個月

5％賠錢　95％賺錢

投資5年

35％賠錢　65％賺錢

投資1年

由此可知，短線投資受制於價格的波動，以及多空各項消息的影響，無法確保你的投資利益，但是只要採取長期策略，以「時間換取空間」，就能避免價格變化莫測的風險，投資獲利的機率也就跟著增加。

2 分散不同投資工具

投資市場裡的工具種類眾多，包括股票、債券、基金等，每一種投資工具都各有其優缺點，如果你把老本全部押在同一個投資工具上，就得承擔較大的投資風險。所以要達到分散投資風險的目的，最好把你的本錢分散到不同的投資工具上面。

各投資工具的優缺點比較

雞蛋不要放在同一個籃子裡。

	變現性	安全性	獲利性
股票	易	不佳	高
基金	易	佳	稍高
房地產	難	佳	不佳
外匯投資	易	不佳	不一定
債券	易	佳	普通
期貨	易	不佳	高
認購權證	易	不佳	高
黃金	易	不佳	普通
選擇權	易	佳	不一定

3 分散投資時點

沒有人知道明天會發生什麼利空或利多事件，投資標的的價格也總是起起落落，所以「最佳的投資時點」往往沒有一定的標準。不過只要你分散投資時點，把投資資金分布在不同時間點上，雖然不能買在最低點，但是卻能免除高檔套牢的風險。

分批買進可適時分散投資風險

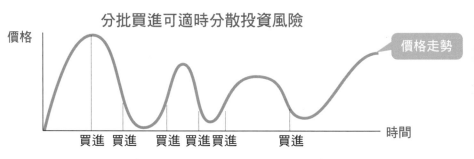

4 分散投資區域

把資金都押寶在同一個區域或國家的投資市場時，很可能因為這個區域或國家的投資市況轉壞，而使得投資本錢血本無歸。尤其在當前國際資金快速流動的投資局勢中，只固守單一投資市場，將會錯失更多賺錢的機會。

要避免這種投資風險，只有把資金有效地分配在全球其他國家的投資市場中，即使是購買投資他國市場的投資工具也行，例如投資海外基金或持有外國貨幣等，一樣有分散投資區域的效果。

投資宜把資金分散至全球，以達到國際化、分散投資風險

Investing Basics　投資工具入門學習地圖

A   B   C

如何因應投資環境的改變？

民國60、70年代時，投資的主軸都集中在股票、房地產；80年代則是科技投資、基金最為吃香；90年代開始沒多久，國內的科技業景氣復甦緩慢，傳統產業、金融業卻轉機意味濃厚。

投資人面對全球經濟不景氣的嚴重考驗，以及這些投資環境的變革時，應該趕快調整投資方向、期望以及投資方式。

1 調整投資方向

過去10年科技產業的發展快速大家有目共睹，所以過去投資科技公司的股票、債券或基金的投資人，投資報酬率都比外匯、房地產等高出不少。
但是現在電子科技產業的發展已經出現瓶頸，電子類股的平均本益比不斷向下修正，所以投資人也必須跟著調整投資方向，把部分資金移至獲利良好的傳統產業股身上。

鋼鐵指數VS.電子指數，兩者走勢明顯不同

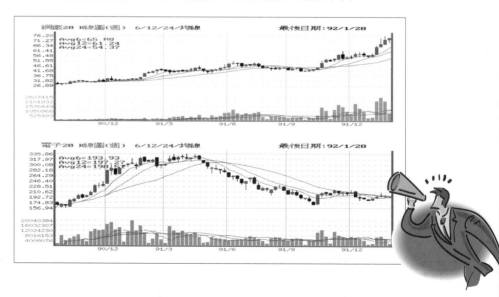

Learning Map

2 調整投資方式

80年代是股市、基金欣欣向榮的時代，所以你只要把投資本錢全數投入科技公司的股票或基金，就能享受超高報酬的投資成果。

但是現在90年代各產業發展已經顯露出疲態，而景氣循環的周期越來越短，以TFT- LCD產業為例，過去此產業的景氣榮景可以維持一年以上，但是民國91年的這一波多頭行情，TFT-LCD產業卻只持續了不到半年的榮景，國內的類股龍頭──友達股價漲不到半年，就出現重挫的走勢（如下圖）。所以重押這一類景氣波動快速標的，可能只會讓自己身陷更大的投資風險之中。

此時應該趕快調整投資方式，放緩投資的腳步，改以「定期定額」取代單筆大額的投資方式；改以「景氣波動、低買高賣」取代「長期緊抱不放」的投資方式。

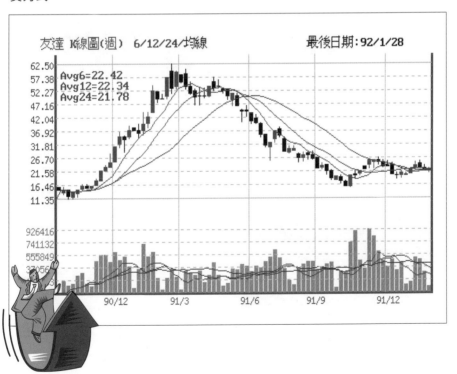

3 調整投資期望

全球景氣陷入前所未有的低潮，「微利時代」一詞已經瀰漫整個90年代的投資市場，意味著企業為了增加不景氣下的產品競爭力，主動降低產品售價、壓低企業毛利，只求在市場上繼續保有一席之地。

企業這些舉動也等於宣佈高獲利的市況不再，相對的，公司的股價、配股股利、營運成長率也不再維持高度成長局面，投資人此刻當然要跟著調整投資心態及期望，降低過去動輒獲利5倍、10倍的投資獲利預期。例如過去華碩電腦曾經創下1股配發1.5股的紀錄，91年的華碩股利分配則已經改為4元現金股利。

華碩近五年股利分配表

年 度	現金股利	盈餘配股	公積配股	股票股利	合 計
86	0.00	15.00	0.00	15.00	15.00
87	3.00	4.00	0.00	4.00	7.00
88	2.40	3.60	0.00	3.60	6.00
89	2.50	2.50	0.00	2.50	5.00
90	4.00	0.00	0.00	0.00	4.00

投資是有錢人的專利嗎？

　　台語有一俚語說：「現吃都不夠了，哪有可留下來曬乾的？」許多人對「投資」的感覺也是如此，有心想投資賺錢，但是苦無多餘的資金。投資絕對不是有錢人的專利，只要持之以恆，小錢同樣可以投資成大錢。我們可以看看以下兩個實際的故事。

例1　水果公司

阿甘是一個個性憨直，沒有什麼投資概念的越戰退伍老兵，在美國極賣座的電影「阿甘正傳」裡，阿甘從戰場退役後，把錢交給他的朋友代為投資，他的朋友則幫他買了以一種水果為公司名稱的股票。

數十年後，阿甘依照每天的慣例，打開信箱看看有沒有友人寄信給他，但是這次看見的是朋友來信告訴阿甘：多年累積的股票市價已經增值到一億美元的消息。

阿甘深入了解之後才知道：原來這家阿甘以為的「水果」公司，就是美商蘋果電腦公司，經過全球科技進步帶動蘋果公司的市值成長，長期投資股票為小小的退伍老兵賺得了大筆鈔票。

例2　收購零股

劉秋德是國泰人壽的董事，早在國泰人壽的股價還沒有達到千元以上的價位時，劉秋德便利用「積少成多」的方式，累積手中自家公司的股票。他使用的方法是：在過去零股買賣還不方便的時代，每當有同仁想要出脫手中員工配股而來的零股時，劉秋德總是立即付錢買下這些零股。

劉秋德就這樣收購了十多年的國泰人壽零股，直到國泰人壽的股價來到每股1000多元的天價，劉秋德手中這些過去不起眼的零股，早已為他配發無數的「股子、股孫」，算一算劉秋德的股票資產已經超過一億元。

從以上兩個例子可以看出，「投資」不是有錢人的專利，你需要的只是用對投資工具及方法。

小錢累積大錢的方法

上述的兩個故事只是實際例子之一，一般的投資人或許已經沒有機會再遇上
這樣的好運，不過即使沒有辦法一次拿出一大筆錢去做投資，但是只要靠著
「積沙成塔」的投資毅力，一樣可以完成投資大計。

1 定期定額

這是目前坊間最常聽見「小錢致富」的方法。「定期定額」的意思是指在一
定的時間（例如每月的15日或20日）投資一筆固定的金錢，投資人可以不必
理會投資市場的行情變化，就能享受到長期增值的投資收益。
這種投資方法最常用在小額投資、淨值變化較小的共同基金，股票及房地產
因為投資金額較為龐大，一般投資人無法每個月都持續投入大筆資金。其他
如期貨、認購權證等投資工具，因為這一類的行情變化太過劇烈，並不適合
用「定期定額」的長期投資方式。

2 定時定值

所謂「定值」是指手中資產的總市值。定時定值投資法，就是買進多種投資工具（例如股票、基金、債券、認購權證等）之後，每隔固定時間（通常設定在1個月）就檢視手中的這些投資工具的市值有多少。

如果結算的市值比原先投入的本錢少，就表示投資已經出現虧損，你可以加碼低接投資報酬較差的投資工具（例如股票賠錢、債券獲利，你就加碼逢低承接股票），加碼的金額則是與虧損同等金額。

如果結算的市值比原先投入的本錢多，就表示投資已經出現獲利，你應該逢高賣出投資報酬較高的投資工具（例如股票賠錢、債券獲利，你就逢高賣出債券），賣出的金額則是與獲利同等金額。總之，每個月手中投資項目的總市值必須始終維持在當初投資時的原始金額。

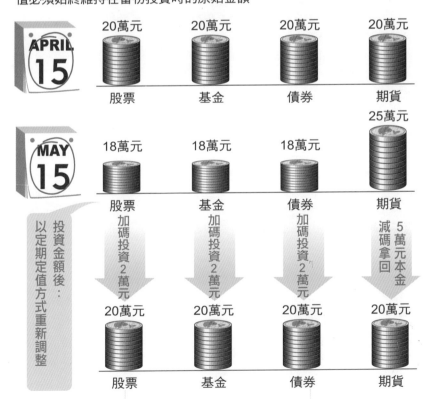

A   B   C

我應該知道的6大投資觀念

投資不是一件容易的事，即使是國際間在投資市場中叱吒風雲多年的專家，也都曾經投資失利過。但是重要的是他們都能夠記取投資的正確觀念，最後仍然能投資獲利。以下就來看看他們有什麼值得我們仿效、學習的投資觀念：

1 長線投資

> 人的投資心態必須設定-人一生只有20次的投資機會，這樣才會慎選其事、考慮周延。　　　　　　　～美國投資大師菲力普‧卡列（Philip Carret）

「長期投資」絕對不是口號，重點是你必須看重每一次的投資決定，而不是為了短線獲利而頻頻投資。如果你不能做到菲力普‧卡列所說的「一生只做20次重要的投資機會」，至少你必須認真且嚴肅地評估每一次的投資決定。因為太過頻繁的短線投資策略，不僅勞心勞力、考慮不夠周延，也容易在多變的投資環境中，迷失投資的方向。

2 投資不盲從

> 如果買進的理由沒變，就不要賣出股票。　　　　～彼得‧林區（Peter Lynch）

很多投資人只會「買進」投資標的，卻完全不知道何時才「賣出」標的？甚至許多投資人都是因為市場人心浮動，才跟著盲目地買進或賣出投資標的。那麼到底該如何拿捏最好的「賣出」時機呢？你只要簡單地依循彼得‧林區所說的方式，真正做到「投資不盲從」，投資就算成功了一半。

3 基本面最重要

> 只有在海水退潮之後，你才看得到誰在裸露全身游泳。
> 　　　　　　　　　　　　　～華倫‧巴菲特（Warren Burffett）

選擇投資標的時，公司的基本面絕對是第一要考量的條件。不論投資市場的環境如何動盪，具有良好基本面、獲利能力好的公司永遠都經得起考驗，也

才是投資專家的最愛。投資人千萬不要去投資那些企業獲利差，卻常常釋放利多的公司，因為這樣的投資標的絕對經不起景氣的考驗。

4 不可借錢投資

借錢投資是良藥，也是毒藥。 ～投資大師　邱永漢

可不可以借錢投資，最標準的答案是「NO！」理由是你永遠不知道未來會發生什麼事，如果借錢失利、虧損，不但要償還借款，還要支付利息。這種蠟燭兩頭燒的投資壓力，難怪會被《財訊》創辦人邱永漢認為是致命的毒藥。

5 切勿追高殺低

行情總在絕望中誕生，在半信半疑中成長，在憧憬中成熟，在充滿希望中毀滅。 ～全球投資元老　約翰‧坦伯頓（John Templeton）

「追高殺低」是所有投資人的通病，也是散戶投資虧錢最主要的原因。這都是因為人性無法克服「貪婪」（因貪心而追高）與「恐懼」（因恐懼而殺低）這兩項弱點所致。

如果你時時牢記華爾街這句流傳千古的名言，不做非理性「追高殺低」的投資決策，一定能在任何的投資市場中滿載而歸。

6 別忽略投資風險

投資想要成功，你必須時時刻刻想到如何才能避開投資風險。 ～喬治‧索羅斯（George Soros）

高投資報酬必定伴隨高投資風險，索羅斯親手操作出非常成功的避險基金，當他獲利數十億美元時，仍然時時不忘記投資可能帶來的鉅額風險。一般的投資人又怎麼能夠輕率地忽略各項可能接踵而來的風險呢？

學子智地圖

2

價值投資法

國置

景氣循環

經濟指標

IPO

亞洲金融危機

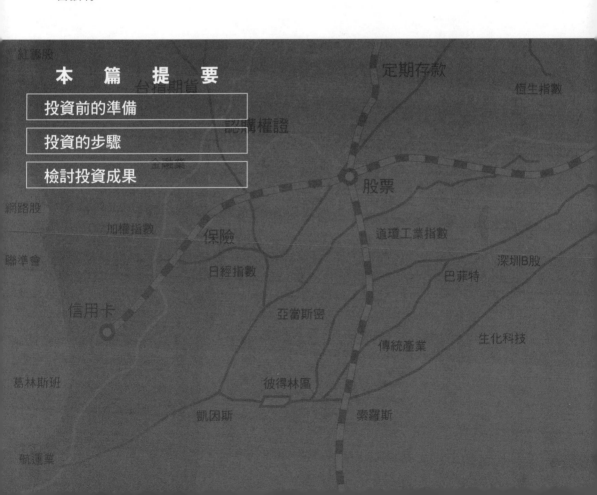

淨值

債券基金

矢業率

術分析

經濟成長率

本益比

融資融券

財務報表

海外基金

我該從哪裡出發？

認識了投資的重要性之後，該開始行動了。舉凡投資前該準備的步驟、如何訂定投資目標、決定投資標的，到籌措投資資金、享受投資成果等細節，本篇都一一告訴你。

紅籌股

定期存款

本 篇 提 要

台指期貨

恒生指數

投資前的準備

認購權證

投資的步驟

金融業

股票

檢討投資成果

網路股

加權指數

保險

道瓊工業指數

聯準會

深圳B股

日經指數

巴菲特

信用卡

亞當斯密

生化科技

傳統產業

葛林斯班

彼得林區

凱因斯

索羅斯

航運業

投資前的準備步驟

　　準備好要投資了嗎？如果不清楚自己的財務狀況、沒有明確的投資目標及計劃，貿然把錢丟進投資市場，對任何人而言都是相當危險的事情。

投資step by step

1 ▶▶▶ **了解自我**　決定投資前，第一步要做的事就是「了解自我」，看看自己的投資性格為何？財務狀況如何？有多少資金可以投資？

2 ▶▶▶ **設定投資目標**　投資要有明確的目標、方向，才不會在投資市場裡人云亦云、載浮載沈，錯失良好的買賣時機。

3 ▶▶▶ **決定投資工具**　投資市場中，有太多報酬率、投資風險各不相同的工具，你必須視本身的投資性格，選定最適合自己的投資工具。

4 ▶▶▶ **廣泛蒐集資訊**　想要投資獲利，並非道聽塗說、一蹴可幾，自己一定要廣泛蒐集相關資訊，才能立於不敗之地。

5 ▶▶▶ **果斷執行投資決策**　如果空有詳盡的投資計劃，缺乏果決的執行能力，仍然無法在詭譎多變的市場中獲利，因此果斷地執行決策才是投資獲利的保證。

6 ▶▶▶ **定期檢討投資成果**　每個人都不可能永遠投資獲利，唯有定期檢討過去的投資成果，不論是成功或失敗的經驗，都可以成為下次投資得利的本錢。

Learning Map

D　　　　　　　E　　　　　　　　F

了解自我

　　並不是每個人都適合積極投資，也不是每一個人的財務狀況都能夠承受得起投資的風險。你可以透過以下的步驟，逐步了解自己的投資性格、財務狀況、現金多寡等，以便知道自己投資的本錢在哪裡。

認識自己的投資屬性

1　我是什麼樣的投資人？

我是什麼樣的投資人？是積極型、穩健型還是保守型的投資人？透過下面「投資性格分析圖」，你就能輕易看出自己的投資性格究竟是屬於哪一種類型的投資人。

簡易投資性格分析圖

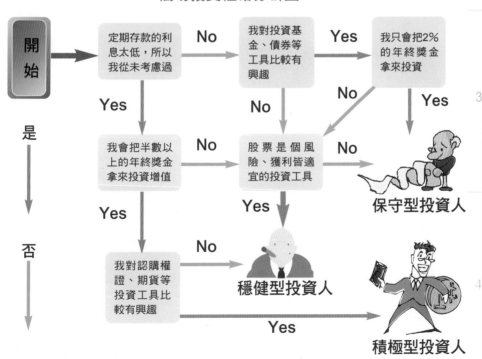

開始

是

否

定期存款的利息太低，所以我從未考慮過 —No→ 我對投資基金、債券等工具比較有興趣 —Yes→ 我只會把2%的年終獎金拿來投資

Yes↓　　　No↓　　　No↘　　Yes↓

我會把半數以上的年終獎金拿來投資增值 —No→ 股票是個風險、獲利皆適宜的投資工具 —No→ 保守型投資人

Yes↓　　　　　Yes↓

我對認購權證、期貨等投資工具比較有興趣 —No→ 穩健型投資人

Yes→ 積極型投資人

Learning Map

保守型的投資人

你們對於風險性較高的投資工具，例如期貨、認購權證等工具都抱持敬謝不敏的態度，反而是偏好較穩健的投資方式，例如基金、債券。雖然投資報酬率不是很高，但是只要力行長期投資，這種穩健的投資方式仍然可以為你達成投資目標。

穩健型投資人

你們對於股票、期貨、基金等各式投資工具都不排斥，只要求能夠在低風險、高報酬之間取得平衡。因此選擇哪一種投資工具不是主要的問題，想辦法把資金分散在各種投資工具上，以便賺取較高且較穩健的獲利才是重要的。

積極型投資人

你們喜歡不斷地投資，尤其是能夠賺取最高投資報酬的投資工具，最能符合你們的需求，例如期貨、股票等。不過，這些投資工具不意味著你一定能賺得很高的獲利，關鍵在於你必須投入的時間及精力也隨之加倍，而且做好個人的財務風險控管就成為你們的當務之急。

D　　　　　　　　E　　　　　　　　F

2 我有多少實力做為後盾？

投資有盈有虧，做好個人的財務風險控管，才能在遇到投資虧損時，仍然能安穩地持續投資下去。因此你的財務實力攸關整個投資計劃是否成功，想要了解個人的財務實力，就非得看看大家常說的「資產負債表」不可。

資產負債表填寫實例

填寫日期　年　月　日

資　產		負　債	
現金	10萬元	房屋貸款	200萬元
股票	10萬元	小額信貸	10萬元
已繳活會	元	應繳死會	10萬元
基金	10萬元	信用卡費	5萬元
銀行定存	元	親友借款	15萬元
房地產	300萬元	汽車貸款	20萬元
其他資產	10萬元	其他負債	元
資產合計	340萬元	負債合計	260萬元

淨值負債比例圖

負債260萬元　　　　淨值80萬元

淨值＝資產 － 負債＝80萬元

#表中淨值負債比例圖可以幫助你快速明瞭財務狀況

「資產負債表」是一種顯示你的欠款、資金各放在哪裡的明細表，它可以明白地告訴你：你的錢現在都放在哪裡？需要用錢時，該到哪裡換得資金？負債比率會不會太高？

3 我有多少錢可以投資？

檢視完「資產負債表」只看出你的投資後盾有多少，真正要衡量長遠而持久的投資資金，就一定要看「每月收支表」，因為這份表格可以告訴你每個月的錢都花在哪裡？每個月還能剩下多少錢投資？

每月結餘表填寫實例

填寫日期　年　月　日

收　入		支　出	
薪資	3萬元	生活雜費	2萬元
加班費	0.5萬元	房屋貸款	1萬元
其他津貼	0.5萬元	保險費	0.5萬元
房租等其他收入	0.5萬元	其他每月扣款	元
利息	0.5萬元	水電瓦斯電話費	0.5萬元
收入合計	5萬元	支出合計	4萬元

結餘支出比例圖

結餘1萬元

支出4萬元

結餘＝收入－支出＝1萬元

想要完整填寫「每月結餘表」，首先你必須要養成每天記帳的習慣。

設定投資目標

　　投資要有明確的目標、方向，而不是看別人投資賺了錢才想要投資。如果只是看見別人投資賺錢，自己就隨便跟著投資，最後的下場必定是以賠錢收場。投資前一定要先設定好目標，而且投資目標也不應該隨意寫寫，它必須符合以下要點：

投資目標的要項

1 具體非抽象的目標

「15年後，我要靠投資基金而成功退休。」「我要在近期內，靠投資裕隆股票買下數位相機。」這兩項投資目標都犯了語意不清的毛病，想要賺取的獲利都沒有寫清楚，讓人無法預設獲利點。上述這兩項投資目標應該改為「15年後，我要靠投資基金累積1000萬元的退休資金。」「我要在一個月內，靠投資裕隆股票賺到價值1萬元的NICON數位相機。」

近期內，靠投資裕隆
股票買下數位相機

在一個月內，靠投資
裕隆股票賺到價值1萬
元的NICON數位相機

Learning Map

2 確實有能力達成

「5年內，我要賺到1000萬元。」「我要在一年內買下價值300萬元的賓士汽車。」這一類的投資目標令人相當敬佩，但是卻並非市面上的投資工具可以達成。除非你掌握了可靠的內線消息，或是月收入真的可以達到那樣的程度，否則這一類的投資目標寫了等於沒寫。

我要在一年內買下價值300萬元的賓士汽車

我要在一年內買下價值60萬元的國產汽車

3 張貼顯目之處

訂下投資目標之後，最怕就是碰上「只有三分鐘熱度」的缺點，所以建議你
一定要把投資目標寫下來之後，張貼在明顯、隨處可見之處，例如浴室整容
鏡前、書桌上等地方，絕對不要寫在日記本裡、皮夾夾縫中。

名片夾

電腦螢幕兩側

浴室整容鏡前

皮夾夾層

書桌上

日記本

Investing Basics　投資工具入門學習地圖

決定投資工具

　　前面提過投資工具的種類很多，它們的風險性、獲利性都各不相同，只有充分了解自己的財力、投資性格以及投資目標之後，你才可以依據這些條件篩選出最適合自己的投資工具。

投資工具尋寶地圖

以下是「投資工具尋寶地圖」，投資人不妨參考裡面的投資性格、收益金額、時間長短等條件，選擇出適合自己的投資工具。

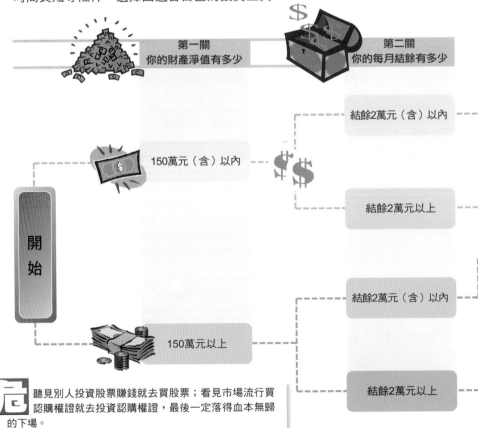

第一關
你的財產淨值有多少

第二關
你的每月結餘有多少

結餘2萬元（含）以內

150萬元（含）以內

結餘2萬元以上

開始

結餘2萬元（含）以內

150萬元以上

結餘2萬元以上

危　聽見別人投資股票賺錢就去買股票；看見市場流行買認購權證就去投資認購權證，最後一定落得血本無歸的下場。

LEARNING SIR

D   E   F

1

第三關 你的投資性格	投資工具分配比重
保守型	50%基金，50%債券
穩健型	70%基金，30%股票
積極型	70%股票，30%基金
保守型	60%基金，40%債券
穩健型	60%基金，40%股票
積極型	70%股票，30%期貨

2

3

保守型	40%債券，20%房產，40%基金
穩健型	40%基金，30%股票，30%外匯
積極型	40%股票，30%期貨，30%外匯
保守型	40%債券，30%房產，30%基金
穩健型	30%股票，30%基金，40%房產
積極型	40%股票，30%期貨，30%權證

4

Investing Basics 投資工具入門學習地圖

投資資訊哪裡找？

　　投資之前沒有蒐集相關資訊，就像一艘沒有準備羅盤、地圖、油料的船隻，在大海裡永遠找不到目標及航行方向。想要投資獲利，並非道聽塗說、一蹴可幾，自己一定要努力蒐集相關資訊，你可以從以下的管道找尋你要的投資資訊。

各種投資資訊管道

1 報章雜誌

報章雜誌是投資人隨手可得的投資資訊來源，雖然現在的網路及科技十分發達，但是對於菜籃族或是因為工作因素沒辦法上網的投資人而言，想要取得全球千變萬化的投資資訊，就非得依靠手邊的報章雜誌不可。

2 網站

網路資訊近幾年快速成長，現在已經躍升為投資人最方便取得的資料管道。由於網路可以24小時全天候使用，再加上各公司行號都已經採用電腦資訊化的作業方式，因此不論上班族有多忙碌，都可以輕易透過網路找到即時且重要的投資資訊。

3 金融機構

這裡指的金融機構包括銀行、投信公司或證券商，這些地方有的會隨時提供最新的貨幣匯率、存款利率、股市行情等金融商品行情及資料，而且最新的投資訊息或新金融商品促銷方案，也都可以在這些金融機構中找到。有空的話，不妨去逛逛銀行、券商，相信你會得到不少的收穫！

想看懂投資景氣的數據，可以參閱《看懂經濟指標學習地圖》。

4 政府單位

與投資有關的政府單位包括證交所、證期會、櫃檯買賣中心、行政院主計處、財政部、中央銀行等，他們有的會定期公布有關投資景氣的數據，有的內部則有附屬圖書資料室，可以供投資人查詢投資資料。投資人應該要多多利用，畢竟這裡才是整個投資景氣訊息的第一手資料供應處所。

WWW......
網 站

證交所	證期會
http://www.tse.com.tw/	http://www.sfc.gov.tw/
台北市100博愛路17號	台北市新生南路一段85號
櫃檯買賣中心	行政院主計處
http://www.otc.org.tw/	http://www.dgbasey.gov.tw/
臺北市羅斯福路二段100號15樓	台北市忠孝東路一段1號
財政部	中央銀行
http://www.mof.gov.tw/	http://www.cbc.gov.tw/
台北市愛國西路2號	台北市羅斯福路一段2號

Investing Basics　投資工具入門學習地圖

2

Learning Map

如何執行投資決策？

　　「貪婪」與「恐懼」是投資人執行投資決策時最大的兩項阻力，一個使你賺了錢卻不知道該獲利了結，另一個則是讓你失去最好的投資賺錢機會。唯有克服這兩個人性弱點，才能確保投資獲利。

投資性格兩大敵人

1 貪婪

投資賺錢了

人性貪婪心理出現，趕緊加碼投入更多的資金，往後一定還可以賺更多的錢。

投資市況丕變，前後所投入的資金全部血本無歸。

2 恐懼

投資賠錢了

人性恐懼心理出現，還是趕緊結束投資動作，以免往後賠得更多。

投資市況跌深反彈，投資人賣在最低點，扼腕不已。

 人性裡的「貪婪」與「恐懼」，往往是造成投資人虧錢的主要原因。

～美國知名基金經理人　彼得‧林區

D　　　　　　　　　E　　　　　　　　　F

克服投資弱點的方法

在投資的領域中，絕大多數的投資人都很難克服「貪婪」與「恐懼」的人性弱點，所以造成多數的投資人都是以賠錢收場。換言之，只要投資人能夠打敗這兩項人性弱點，就能輕易在投資市場中獲利。你可以參考以下的方法：

1 設立停損、停利點

幾乎所有的投資專家都會對投資人提出「設立停損、停利點」的建議，也就是投資前先預設賺了多少錢就一定要賣出獲利了結；預設賠了多少錢就一定要賣出防止虧損擴大。

尤其是當你投資期貨、權證、股票等投資風險較高的工具時，你更應該以這種方法克服心中的貪婪與恐懼。因為有了停利點之後，你就能不貪心地賣出投資標的獲利，也能讓虧損降至最低。

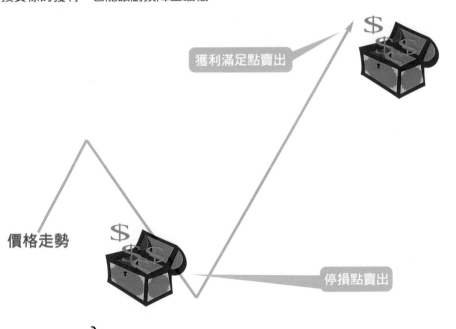

獲利滿足點賣出

價格走勢

停損點賣出

採用定期定額投資方式時，同樣要每隔一季或半年即檢視目前的投資績效，以防你遇到全球景氣丕變、買到地雷股或產業景氣反轉，還能早一步更換投資布局。

2 定期定額

以「定期定額」的方式投資，是讓投資的方式回歸到長期的實質獲利上，可以讓你不必去理會投資價格一時的漲漲跌跌，心中自然能夠維持平穩的投資心理，同樣能夠把人性中「貪婪」、「恐懼」的弱點降至最低。

3 金字塔投資法

大部分的投資人都害怕投資標的價格越跌越慘，此時受到人性「恐懼」弱點的影響，而忘記這個時候才是絕佳買進的時刻。因此，如果你採用「金字塔」投資方法，可以在投資標的價格下跌時，勇敢地往下加碼投資，一旦投資市場熱絡起來，投資報酬將相當可觀。

不過，想要成功地運用「金字塔」操作法賺得投資利益，你必須先準備好雄厚的資本，以及決斷的執行力，因為敢在逆境中加碼投資的人實在不多。

投資標的價格越往下跌，投資的本錢也要跟著增加

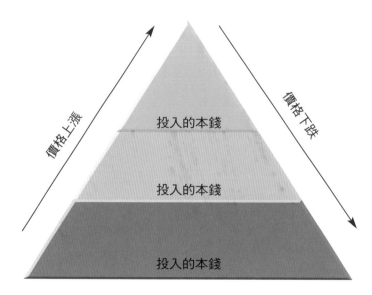

價格上漲　　　　　價格下跌

投入的本錢

投入的本錢

投入的本錢

LEARNING SIR

D　　　　　E　　　　　F

如何籌措投資資金？

　　投資需要有資金、本錢，才能發揮「以錢賺錢」槓桿的方式增加投資收益。以下幾種方法是最常見的籌資方式。

投資資金哪裡來？

1 儲蓄

許多財務專家都建議：每個人都應該至少把每月收入的十分之一儲蓄起來，做為投資的資金，長久下來就能累積成一筆為數不小的投資本錢。

2 向銀行借貸

向銀行提出借錢的方式有許多種，例如免保人的小額信用貸款、現金卡借貸、信用卡預借現金、或是房屋二胎貸款等，都是相當不錯的借錢方式（詳見早安財經出版的小額貸款學習地圖）。但是民眾向銀行借錢時，應該考慮借貸利率是否過高？投資報酬率能否高於銀行的借貸利率。

Investing Basics　投資工具入門學習地圖

Learning Map

3 向親友借貸

俗語說：「朋友有通財之義。」向親友借錢並不是什麼見不得人的事，而且只要有借有還，一樣可以借得理直氣壯、借得心安理得，尤其是向父母或親友借錢時，可以享受到較低甚至是免利息的借貸。

4 標會

標會是民間非常普遍的財務調度行為，它兼具儲蓄及方便借貸的雙重好處，缺點則是在景氣不佳時，常常會發生倒會的事件。

5 信用交易

有些投資工具本身有設置信用交易的機制，可以適度解決投資資金不足的問題，例如股票市場的融資買賣，不過投資人要避免過度擴張信用。

 地下錢莊的借貸利率都相當高，而且常有暴力討債的事情發生，所以千萬別向地下錢莊借錢。

D E F

定期檢討投資成果

如果你已經打算長期投資某一項投資工具，你仍然必須每隔一段時日，就要詳盡地檢視投資內容，以便隨時且適度的調整投資決策。

填寫「投資成果定期考核表」

現在的投資局勢瞬息萬變，稍有不慎就會讓過去賺錢的投資工具，一下子就變成了虧大錢的投資工具。因此只有定期（通常是一個月就要檢討一次）檢視目前手中的投資組合情形，才能將投資風險降至最低。

下表是簡易的「投資成果定期考核表」，它可以幫助你快速地檢視目前的投資狀況，以便適度調整必要的投資內容。

投資工具可依盈虧調整項目

檢討日期	股 票	基 金	期 貨	債 券	合 計
92/1/3	30	30	20	50	130
92/2/3	40	40	10	40	130
盈虧	+10	+10	-10	-10	0
92/2/3					
92/3/3					
盈虧					
92/3/3					
92/4/3					
盈虧					

市值

當月投資成果

日期為一個月檢視一次

計算盈虧以便得知投資成果

49

學者地圖

3

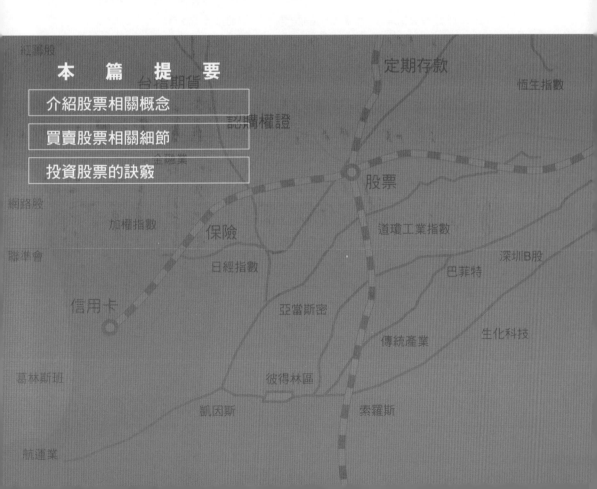

淨值

債券基金

失業率

術分析

經濟成長率

本益比

融資融券

財務報表

海外基金

投資股票

股票可說是最常見、也是最多人參與的投資工具。投資過股票的人不少，但真正投資股票獲利的人卻不多。因此，建立投資股票的正確觀念、徹底了解股票的運作，才能確實運用股票這項投資工具獲利。

紅籌股

定期存款

恆生指數

台指期貨

本 篇 提 要

認購權證

介紹股票相關概念

買賣股票相關細節

股票

投資股票的訣竅

金融業

網路股

加權指數

保險

道瓊工業指數

聯準會

深圳B股

日經指數

巴菲特

信用卡

亞當斯密

生化科技

葛林斯班

傳統產業

彼得林區

凱因斯

索羅斯

航運業

Learning Map

股票是什麼東西？

簡單地說，股票是一種象徵公司所有權的東西，你持有此公司的股票越多，如果公司賺大錢，你就可以依照持有公司股份（也就是股票）的數量，分配到越多的公司盈餘。一旦你持有這家公司的股票達到一半以上（或是聯合親友的持股比例），你當然也可以主導這家公司的營運方向，甚至當上董事長、總經理。

股價波動　step by step

目前我們的法令規定：每一家公司剛成立時，每一股的股價都是以10元的價格訂定（此10元稱之為面額）。之後，隨著公司的營運好壞，使得市場上的投資人跟著搶買或拋售這家公司的股票，股價因此出現波動。

1 ▶▶▶ 公司以每股10元的面額成立

2 ▶▶▶ 公司獲利持續成長

3 ▶▶▶ 投資人以高於10元的股價搶買股票

4 ▶▶▶ 此公司的股票價格因此上漲

5 ▶▶▶ 公司大股東或員工陸續賣股票獲利了結

6 ▶▶▶ 賣股票人變多、而買股票的人因股價太高而變少

7 ▶▶▶ 此公司的股票價格因此下跌

報紙上常說的「董監事爭奪戰」，就是指有錢人在股市中收購某家公司的股票，達到足以主宰、任用這家公司的人事權，順利取得這家公司的經營權。

投資股票的好處與風險

　　股票的價格出現波動時，就可以從中賺得投資差價，而且投資股票的投資報酬率高於基金、債券等投資工具，可以發揮以小錢賺大錢的財務槓桿效益，可謂好處多多，但是有些風險，投資人不可忽略。

投資股票的好處

1 投資收益相對較高

直到目前為止，股票仍然是大部分投資專家公認報酬率較好的投資工具之一，雖然投資期貨或認購權證的報酬率比投資股票還高，但是一旦投資失利，前兩者的投資虧損將遠遠超過股票。所以和其他投資工具相比，股票是相對能夠賺得較高的投資收益，而且投資風險又較低的投資工具。

2 親身體認投資感覺

和債券、基金、期貨等互動性較差的投資工具相比，投資股票顯得有趣多了。因為投資股票、當了這家公司的股東之後，你可以得到每年固定的配股或配息，參加股東大會、還可以在股東大會中選舉心目中的經營者人選，這些互動的投資感覺是其他投資工具所沒有的。

3 了解身旁的經濟動態

投資股票之後，每個人都會開始關心全球或國內各項政經局勢的發展，以便在股市中尋得最好的投資時機及標的。如此一來，不只對自己提升職場水準有所助益，對日後事務的判斷及選擇能力也大有幫助。

投資股票的風險

投資股票不會穩賺不賠，但是你認清股票的風險，選擇適合自己的投資方式及策略，就可以在自己可承受風險的範圍中，從投資股票中獲得豐厚的投資收益。

1 企業虧損的風險

聯電、台積電等績優公司遇到景氣突然反轉時，也曾發生虧損的局面，此時投資股票就會面臨虧損的風險。

2 股市人為的風險

股市中多的是金主及主力拉抬股價，再於短時間內大量拋售股票，造成股價大起大落的事件，投資人如果買到這一類的股票將會血本無歸。

3 突發事件的風險

美國911恐怖攻擊事件、台灣921大地震發生後，華碩、台塑或中鋼等績優股的股價都出現重挫的情形，再高明的投資人也沒有辦法避開這種突發事件重創股價的風險。

Learning Map

D　　　　　　　　E　　　　　　　　F

投資股票如何為你賺錢？

　　許多投資專家都不斷地鼓吹民眾：只要手邊有閒餘的資金，一定不能不去投資股票。究竟投資股票可以為我們賺進哪些利潤？投資股票如何為我們賺錢？投資股票的利得至少包括以下三項：

投資股票可以產生3項利得

1 現金股利的收益

如果你投資某家公司的股票，成為他的股東之後，只要當年度公司有賺錢收益時，就可以依照你持有股數的多寡、比例，領得公司配給股東的紅利，再股票市場上稱之為「股息」。

2 股票股利的利得

如果你投資的這家公司當年度公司有賺錢收益，公司配給股東的紅利，是以發放股票的方式而不是前述的「現金」的方式，這種紅利在股票市場上就稱之為「股票股利」。

3 股價價差的利得

股票的價格會隨著全球、國內經濟的起伏、投資人買賣的動向而出現波動的情形，如果你能掌握「高賣低買」的時機，就可以賺得投資股票的價差利得。

Learning Map

股票市場如何運作？

　　股票市場是國內最重要的金融交易市場，參與交易及運作其中的除了一般投資人之外，還包括外資、投信、自營商、政府基金等法人，其他相關的機構則包括證券商、證金公司等。

股市的運作關聯

投信法人

證金公司

透過證券公司
借錢或股票給投資人

外資法人

透過證券商買賣股票

透過證券商買賣股票

證券公司

散戶

透過證券商買賣股票

透過證券商買賣股票

證券自營部

LEARNING SIR

D　　　　　　　E　　　　　　　F

1

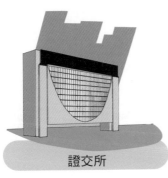

上市股票交易
透過證交所撮合

證交所

2

到集保公司集中管理
投資人買賣的股票送

集保公司

證期會

負責監督和管理
所有交易過程

3

撮合上櫃股票交易
透過櫃檯買賣中心

櫃檯買賣中心

4

Learning Map

1 散戶

指的是一般的股市投資人，由於他們多屬於無組織、盲目跟從投資潮流的投資者，所以大家俗稱一般投資股票的民眾為「散戶」。市場上也有人把散戶分成投資資金較少的菜籃族、資金較多的中實戶以及號召成立的股友社組織。約佔股市成交量的七成。

2 外資

「外資」是指國外法人或外國人投資在國內股市的資金。外資依據不同類型可以分為：

1. 外國專業投資機構（如外國銀行、保險公司、基金管理機構）。
2. 境內、外華僑及外國人。
3. 海外基金。

外資進出股市的金額相當龐大，佔股市成交量的15%，加上它們的研究團隊實力堅強，因此外資進出股市的動向，已經成為國內其他法人及散戶追隨的方向。

3 投信

投信就是大家常說的基金公司，它是一種集合大眾的資金，然後交給專業的投資者代為投資的機構。由於國內民眾投資基金的風氣大開，龐大匯集而成的基金已經使得投信影響股市的力量也跟著大增，約佔股市成交量的15%。

4 證券自營商

是指直接以自有資金進出股市的證券商。它們屬於證券公司中的自營部門，它們以證券公司自己的營運資金投入股市，賺取股市中的差價，所以操作策略都是以短線買賣為主。

D　　　　　　　　　E　　　　　　　　　F

5 證券經紀商

俗稱「號子」，也就是幫投資人或法人下單買賣股票的中介機構。經紀商都有電腦直接連線到證交所的撮合電腦中，如果成交，再將成交情形回報給投資人或法人，並從中抽取成交手續費。

6 證期會

證期會的全名是「證券暨期貨管理委員會」，它是管理、監督證券及期貨市場的機構，所有經過台灣證券交易所、櫃檯買賣中心審議通過掛牌的企業，都還要經過證期會的審議通過。

7 證交所／櫃檯買賣中心

台灣證券交易所由公營行庫及部分民間企業機構共同出資而成，主要功用是撮合來自證券經紀商接受投資人所下的股票買單或賣單。證交所內部還設有「有價證券上市審議委員會」，專門審議各企業是否具備上市條件。

櫃檯買賣中心所扮演的角色與證交所類似，不同的是證交所只能買賣上市股票，櫃買中心則是買賣上櫃股票的場所。

8 證金公司

就是「證券金融公司」，證券金融公司本身不會直接投入股市，而是透過證券商仲介投資人，把資金借給投資人去買股票（即融資），或將股票借給投資人賣出（即融券），讓投資人只要花部分的資金，就能達到投資股票的目的。

9 集保公司

就是「台灣證券集中保管股份有限公司」，它是專責辦理「證券集中保管劃撥交割」業務的公司，也就是投資人在股市中買到的股票，全都送到這裡代為保管，以便節省實體股票交割的時間及不便，增進股票的交易安全。

Investing Basics　投資工具入門學習地圖

股票有哪些種類？

　　股票依據交易市場、方式的不同，可以分為上市股票、上櫃股票、興櫃股票、全額交割股票等；若是以股東權利義務的差別區分，則可分為普通股、特別股等數種，有心要買賣股票的投資人一定要先弄清楚。

股票的分類

依交易市場的不同區分

- 上市股票
- 上櫃股票
- 興櫃股票
- 全額交割股票

依股東權利義務的不同區分

- 普通股
- 特別股

依交易市場的不同區分

1 上市股票

指公司的股票在「台灣證券交易所」提供的集中市場裡，交易買賣的股票。由於集中市場是目前台灣股票交易量最大、知名度也最高的地方，因此許多企業的股票都選擇在此掛牌交易。

> **什麼是未上市股、第二類股？**
> 「未上市股票」是指一般公開發行股票的公司，還沒有獲得准許到集中市場或店頭市場進行交易的股票，這一類的股票當然也包括興櫃股票，以及透過未上市盤商撮合成交的股票。
> 「第二類股」屬於掛牌條件較寬鬆的上櫃股票，主要是方便剛成立的小公司在股票市場中掛牌集資。只要成立滿一個完整的會計年度，且最近一個會計年度無累積虧損，就已符合二類股掛牌的基本條件，然後再經由兩家券商推薦，並經櫃買中心核准並向證期會報備後，就可以掛牌。
> 這兩種股票的共同特性就是公司財務較不穩固，股票成交量較小、股價波動也較大，所以投資人要特別留意它們的投資風險。

Learning Map

D　　　　　　　　　E　　　　　　　　　F

特別股股票交易的時間、買賣的方式和普通股一樣，投資人都可以透過營業員幫你下單，完成特別股股票的買賣。

2 上櫃股票

指公司的股票在「中華民國證券櫃檯買賣中心」提供的店頭市場裡，交易買賣的股票。由於申請店頭市場掛牌的資格，比申請集中市場掛牌的門檻低，因此許多新興企業或中小型公司的股票都選擇在此掛牌交易。

3 興櫃股票

興櫃股票是新成立不久的股票交易市場，主要是針對還沒有通過上市、上櫃的企業，只要有兩家證券經紀商共同推薦，就可以在興櫃交易市場中讓投資人自由買賣。在興櫃掛牌的股票最大的風險就是「股價是沒有漲跌停板限制的」，所以投資人貿然追漲興櫃股票，很可能會長期套牢在高點。

4 全額交割股票

上市或上櫃公司經營一段時間後，因為發生財務危機，或是未在規定時間內公告每一季的財務報表時，這一類的公司股票依照規定要被列為全額交割股票。所以投資人要特別留意公司的財務狀況，沒有絕對的把握時，千萬不要任意買這種股票。投資人買賣全額交割股票，必須馬上交割，與正常的股票交易過程略微不同。

依股東權利義務的不同區分

1 普通股

是指一般象徵公司股份或股權的有價證券，也就是公司最初募集資金成立時所印製代表股份多寡的有價證券。普通股的股東每年可享有配股、配息、參與股東大會的權利。目前股票市場中投資人或法人主要買賣的股票，或是投信投顧分析師介紹的個股，都是指此類的「普通股」。

2 特別股

特別股是公司成立多年後，有鑑於營運資金的需要，額外印製並規範股東享有不同權利的股票。例如有些特別股規定發行2、3年後，自動轉為該公司的普通股；有些特別股則規定不得享有年度的配股權利，但是不論公司是否賺錢，都可以固定每年領得每股1元或2元的配息。

Investing Basics 投資工具入門學習地圖

LEARNING SIR

什麼人應該投資股票？

　　股票是近代大家公認投資報酬率高、投資風險又相對較平穩的投資工具，當景氣熱絡時，以小錢賺個10倍以上的報酬率是常有的事。所以只要是想長期致富、穩健獲利、領固定薪水的民眾都應該投資股票。

適合投資股票的族群

1 社會新鮮人

社會年輕人的財務問題都是薪資少、花費高，缺乏投資理財知識。由於儲蓄永遠跟不上花錢的腳步，唯一途徑只有積極地把錢放在比較會增值的地方，所以收入少的社會新鮮人絕對不可以不學習投資股票的知識。

2 窮薪階級的上班族

薪水階級的上班族受制於收入有限，每個月能存到2萬元已經相當難得，如果再扣掉日常花費或買車的貸款，想要在一年的時間內存夠20萬元就顯得很困難，而且現在銀行一年期定存的利率不到2%，想要靠儲蓄致富簡直是天方夜譚。

Learning Map

D　　　　　　　E　　　　　　　　　　F

3 準中年家庭

準備步入中年的雙薪家庭普遍都有房貸及小孩教養支出的雙重壓力，每個月所剩資金相當有限。尤其日後如果要籌措換屋基金，或是高額的小孩教育經費，未來的資金需求肯定相當龐大。

4 企業經理人及公司財務人員

股市向來有「一國經濟櫥窗」的稱號，意思就是股票市場是全國經濟榮枯的縮影，如果企業的經理者或財務人員無法了解或掌握股市的動向，將會影響企業經營的發展，甚至可能錯估整體經濟環境局勢。

以上這些族群除了企業經理人之外，都有「賺錢永遠跟不上花錢」的投資問題。如果這些人能夠把每月存下來的錢，選擇好的績優股來長期投資，以近年來股市都處於歷史低檔區的情形來看，不論是社會新鮮人、窮薪階級的上班族、準中年家庭都可以在下一波經濟景氣來臨時，大幅增加手中的資產獲利。

3

如何跨出買股票的第一步？

　　了解投資股票有這麼多的好處之後，你是不是也想趕快跨出投資股票的第一步呢？只要你依照下列的步驟進行，你就能了解整個投資股票的步驟及流程。

投資股票step by step

1 ▶▶▶ 準備好自己的身分證、印章

2 ▶▶▶ 到證券商及銀行開立證券帳戶及股款劃撥帳戶

3 ▶▶▶ 證券商審核資料完成

4 ▶▶▶ 填寫買單或賣單，寫上個股名稱、張數、價格，下單買股票或賣股票

5 ▶▶▶ 電腦將資料連線到證交所撮合主機

D　　　　　　　　　E　　　　　　　　　F

6 ▶▶▶▶　撮合完成

7 ▶▶▶　證交所撮合主機將成交資料傳
回證券商電腦

8 ▶▶▶▶　投資人自行刷閱客戶卡或由營業員告知成交狀況

9 ▶▶▶　次一日證券商以電腦自動
交割成交單

10 ▶▶▶▶　銀行自動扣除買股票所需的股款
（或存入賣股票所得的股款）

投資股票有什麼訣竅？

　　股市中有一句俚語說得很好：「股市裡沒有專家，只有贏家和輸家」，完全聽信股市分析師的投資建議，未必能夠讓你賺到錢，但是只要你能掌握以下投資股票的訣竅，再加上自己的投資定力，想在股海中獲利絕對不是一件難事。

投資股票的訣竅

1 宜長不宜短

不論是電視上或是券商的投資建議，幾乎都是勸投資人隨時注意股市盤面的發展，以便隨時買進或賣出手中的股票。事實上，股價波動在所難免，只要你投資的公司營運沒有發生重大變化時，不必隨著指數的上下震盪，而跟著買賣股票。短期進出股市只會賠上更多的手續費及證交稅，長期穩健投資才能賺得企業永續成長的高投資報酬。

實例

從鴻海的月線圖中可以看出：雖然近兩年鴻海的股價從每股300多元的高峰，持續滑落至最近的120多元，但是經過多年的配股之後，長期投資鴻海股票超過10年的投資者，仍然維持相當高的投資報酬率。

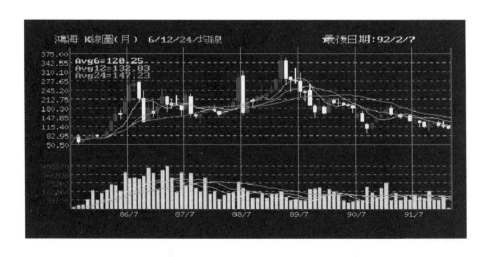

D　　　　　　　　　　　　　　E　　　　　　　　　　　　　　F

如果你想進一步了解如何投資股票，請參閱《買股票學習地圖》。

2 定期檢視投資標的

許多長期投資股票的民眾，近年來受到股市不振的影響，資產已經大幅縮水，紛紛質疑投資股票是否真能獲益。其實「長期投資」的意思，並不是要你完全不去理會當初所選的投資標的，而是必須一季、一個月、甚至是一星期就要檢視這家公司發生了什麼大事？營運是否出現危機？以便及時調整投資策略。

實例

華碩的股價從當初股王時期的每股800多元，一路慘跌到最近的60多元，令許多長期投資華碩的死忠股東損失慘重。主要原因是華碩過去動輒30%的高毛利率已縮水至13%左右。

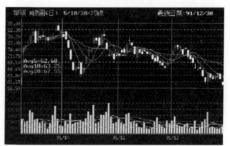

3 反市場操作

散戶的投資性格就像羊群，往往都是盲目地跟隨法人、主力或市場的樂觀、悲觀的腳步買賣股票，所以常常成為買到股價高峰的最後一隻老鼠，這也是為什麼絕大多數的投資民眾在股市中往往以賠錢居多。因此當你在股市中感受到行情極度樂觀或極度悲觀的氣氛時，此時的你應該採取「反市場操作」心態，見高點賣出股票，見低點則開始分批買進股票。

實例

美國紐約在2001年9月11日發生恐怖攻擊事件，一時之間，全球的股市全面重挫，台股加權指數也創下3411的歷史低點。但是事隔僅短短數週，國內股市卻又全面利空出盡而大漲1000多點，當時反向買進的投資人個個賺得荷包滿滿。

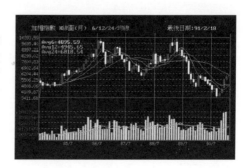

Investing Basics　投資工具入門學習地圖

Learning Map

哪裡可以找到相關資訊？

　　股市行情往往千變萬化，前一刻股價還是上漲的，下一刻可能變成跌停。要抓住股市行情、減少投資股票的虧損，只有多多蒐集股票資訊，充實自己的判斷能力。現在不論是電視、網站或平面的報章媒體都有不少的股市資訊，投資人可以好好利用。

蒐集投資資訊的管道

WWW...... 網站

鉅亨網
www.cnyes.com
即時行情、個股研究報告、美股動態

日盛證券
www.jihsun.com.tw
個股研究報告、走勢圖、產業研究報告

雅虎奇摩
www.kimo.tw
即時行情、個股新聞、美股動態

元大京華證券
www.yuanta.com.tw
個股研究報告、走勢圖、產業研究報告

Money DJ
www.moneydj.com.tw
最新財經訊息、個股走勢

櫃檯買賣中心
www.otc.org.tw
上櫃股票交易訊息、警示股公告、政令宣導、法人進出動態

寶來證券
www.polaris.com.tw
個股研究報告、走勢圖、產業研究報告

台灣證券交易所
www.tse.com.tw
上市股票交易訊息、警示股公告、政令宣導、法人進出動態

元富證券
www.masterlink.com.tw
個股研究報告、走勢圖、產業研究報告

證券暨期貨管理委員會
www.sfc.gov.tw
股票交易制度訊息、政令宣導、政策動向

media....
媒　體

經濟日報
昨日收盤行情、個股新聞、投資建議

財訊快報
昨日收盤行情、個股新聞、投資建議

工商時報
昨日收盤行情、個股新聞、投資建議

Smart理財月刊
個股介紹、投資建議、專家專欄

產經日報
昨日收盤行情、個股新聞、投資建議

易富誌
個股介紹、投資建議、專家專欄

年代熱門100
09:00至13:30
個股推薦、投資建議、行情分析

財訊
個股介紹、投資建議、專家專欄

華視股市高手
15:00至15:30
個股推薦、投資建議、行情分析

library....
圖書館

證券暨期貨專業圖書館
台北市南海路三號9樓
個股剪報資訊、財務報表

證交所閱覽室
台北市博愛路12號3樓
個股年度及當季財務報表

櫃買中心閱覽室
台北市羅斯福路二段100號15樓
投資月刊、個股年度及當季財務報表

學習地圖

4

價值投資法

國富

景氣循環

經濟指標

IPO

通貨膨脹

亞洲金融危機

投資債券

相較於股票，債券是更安穩且能保本的投資工具。什麼樣的人適合買債券？該放多少投資比重在債券中？債券市場是怎麼運作的？本篇有詳細介紹。

本　篇　提　要

介紹債券相關概念

買賣債券相關細節

投資債券的訣竅

債券是什麼東西？

「債券」顧名思義就是：證明債務的有價證券。

當政府、金融機構或私人企業需要籌措資金時，可以透過發行債券的方式，向社會大眾借錢。投資人付錢給這些發行債券的政府、金融機構或私人企業之後，就可以拿到這種可轉讓的債務憑證，憑著這個債券領取政府、金融機構或私人企業支付給你的利息。

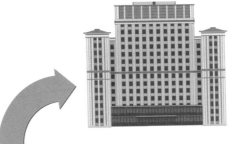

你借錢給政府、
企業、金融機構

政府、企業、金融機構
發行債券給你當借據

如果還錢的期限在
一年以內者，就叫做
「票券」；如果還錢的期
限在一年以上者，就叫
做「債券」。

由於債券是一種「借據」靈活的投資工具，當投資人或私人企業手中正好有一筆閒置的資金時，存定存怕利率太低、中途解約會損失利息；買股票又怕被套牢，此時就可以把這筆資金拿來買債券。一方面債券會有票面上的利息收入可賺，另一方面債券價格也和股票價格一樣會上下波動，可以賺到低買高賣價差。

Learning Map

D　　　　　　　　E　　　　　　　　F

投資債券的好處及風險

　　投資債券的最大好處在於投資風險比股票、期貨等工具低了許多，而且它不僅可以賺得價差，還能收取固定的利息收益，對於投資性格較為保守的民眾可說是好處多多。但是必須注意流通不易、利率動向等投資風險。

投資債券的好處

1 風險較低

債券發行機構大都為各級政府單位、金融機構或績優的公、民營企業，被倒債、無法償還的機會較小，債券價格波動幅度也比股票小很多，因此投資風險比民間的標會或股票低。

2 利息較定存高

債券的利率訂定基準都是以一年期定存利率再加碼而成，所以投資人投資債券的利息收入自然比一般銀行的定存還高。

3 投資稅負較低

目前投資人賣出政府公債，可以享有免付證券交易稅的優惠，即使是買賣金融債券及一般的公司債券，證券交易稅也只收成交金額的千分之一，比賣股票應付的千分之三證券交易稅低。

4 免支付手續費

當你在店頭市場與證券商債券部門進行議價交易時，證券商會把自身的利差計算在債券價格上，所以你不必再支付手續費用給證券商。

5 變現及附加用途大

投資人需要變現債券時，只要從店頭市場或各債券自營商交易櫃台，就可以隨時賣出取得現金。在其他用途方面，投資人可以拿債券向金融機構申請質押借款，也可把債券拿來當作公家單位所需要的投標、抵押等保證金之用。
例如你必須繳交一筆保證金給法院，做為買法拍屋之前的參與保證金時，就可以直接繳交手邊的中央公債給法院。

投資債券的風險

債券雖然屬於穩健、相對固定的投資工具，但是它一樣會受到利率、違約等因素的影響，而使得投資出現虧損。尤其初次投資債券的投資人，更應該牢記以下所記載的各項風險，才能使你的債券投資穩健獲利。

1 利率風險

利率是影響債券價格的主要因素，利率上漲、債券價格就會下降；反之利率下跌，債券價格就會上揚。由於短期利率的波動情況難以預料，提高了債券不少的投資風險。

2 流動交易風險

目前國內的債券市場和國際債市相比，成交量仍嫌不足，一旦遇到金融市場利空、或利率急劇變化等事件時，容易促使交易商停止債券報價，進而影響投資人變現的需求。有些公司債的發行量太小，若沒有可信賴的信用評等機構評估其債信，投資人可能面臨求售無門的窘境。

3 信用風險

所謂債券的信用風險就是指債券發行機構因為財務不佳，而無法償還當初發行債券的本金及利息，最後投資人將會面臨血本無歸的慘痛損失。這種損失就類似投資股票時，買到了財務有問題的地雷股，股票最後變成壁紙，一毛錢也要不回來。

 國外有許多專業的信用評等公司專門對這些發行債券的企業進行債信評等的調查，以便提供債券的投資人參考。目前國內的信用評等機構已經有中華信用評等公司運作中，未來美商惠譽信評公司也將來台設立分公司。

4 匯率風險

只要是涉及國際貨幣的投資工具，都無法避免要面臨匯率變動的投資風險。當你投資國際金融債券時，必須先評估此債券幣別的匯率走向，以免受到匯率下跌而折損投資債券的報酬收益。

D   E   F

投資債券如何為你賺錢？

　　債券和股票類似，除了價格之外還有固定的利息現金可以回收。投資債券可以為你賺得利息收入、價格變動等收益，如果你投資的是海外債券，幸運的話還能為你賺進匯兌的利差收益。

投資債券的3項利得

1 利息收益

就像把錢定存到銀行裡，銀行必須支付利息給你一樣，持有債券的投資人可以憑著債券上規定的利率，領取固定的利息（市場上稱之為債息）。

投資債券

領取債息

2 債券價差利得

由於債券會標示固定的利息，所以當金融市場利率往下降時，新發行的債券利率就會較低，投資人會搶購原先較高債息的債券，使得債券價格出現上漲現象，原持有債券的投資人便可多賺進債券價差的利得。

100萬元的債券

市場利率下降

債券價格上漲至105萬元
投資人賺得價差

3 匯兌價差利得

如果你投資以國外幣別計價的海外公司債券，一旦遇到新台幣貶值，還能再賺取匯兌價差的利潤。

購買海外債券

計價外幣升值

投資人賺得
匯兌價差利得

Investing Basics　投資工具入門學習地圖

LEARNING SIR

債券市場如何運作？

　　債券市場的買賣及運作與股票市場有些類似，唯一不同的是債券市場分為初級市場（債券募集、發行的市場）及次級市場（債券交易、流通的市場），投資人在這兩個市場中都可以參與；而股票市場對一般的投資人而言，只有買賣股票的次級市場，不能直接參與新公司剛成立時的股票發行認股。

債券初級市場運作圖

政府機關

民間企業

金融機構

申請

申請

申請

核准

證券暨期貨管理委員會

D　　　　　　　　　E　　　　　　　　　F

初級市場是債券發行市場

初級市場是債券募集、發行的地方。主要是由欲籌措資金的政府機關（例如財政部發行中央公債）、銀行（例如土銀發行金融債券）、民間企業（例如遠東紡織發行可轉換公司債），向證期會提出發行債券的申請。

證期會的職責就是針對這些申請發行債券的年限、利率、規模進行審查。經過證期會同意發行之後，就可以委託證券商的債券部門、銀行或郵局代為向投資大眾銷售。

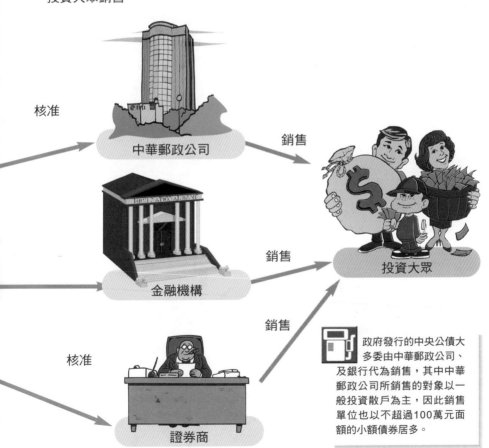

核准

中華郵政公司

銷售

金融機構

銷售

投資大眾

核准

證券商

銷售

政府發行的中央公債大多委由中華郵政公司、及銀行代為銷售，其中中華郵政公司所銷售的對象以一般投資散戶為主，因此銷售單位也以不超過100萬元面額的小額債券居多。

Investing Basics 投資工具入門學習地圖

次級市場是債券交易市場

債券與股票一樣，都可以自由轉賣。當債券完成初級市場中的發行及銷售作業之後，持有此債券的投資人或法人機構就要到次級市場進行買賣交易。如果是已在集中市場掛牌的可轉換公司債，投資人就必須如同買賣股票一樣，向你的證券營業員下單，在集中市場中透過電腦撮合交易。

由櫃檯買賣中心管理並揭露交易資訊的店頭市場，是國內主要債券次級市場的地方。如果你想買賣債券，只要到證券自營商的債券部門、銀行信託部、信託投資公司或票券金融公司，就可以議價的方式完成債券的交易。

目前9成以上的債券交易都在店頭市場中進行，只有少數掛牌的可轉換公司債，以類似股票的形態在集中市場中進行交易。

集中市場的證券交易所
電腦撮合

證券經紀商　　連線　　　　　連線　　證券經紀商

下單　　　　　　　　　　　　　　　　　　　　　下單

店頭市場櫃檯買賣中心管理
並揭露交易、報價訊息

賣方投資大眾　　直接議價　　　證券自營商　　　票券金融公司　　直接議價　　買方投資大眾

銀行信託部

信託公司

Learning Map

D　　　　　　　　E　　　　　　　　F

債券有哪些種類？

　　債券屬於一種籌措資金的投資工具，隨著記名方式、發行單位等條件的不同而分成許多種類，投資前一定要先認識這些類別。

債券類別

 政府公債

 金融債券

公司債

記名方式　　　　擔保方式

中央政府公債

地方政府公債

中央政府公債以國家做為債券信用的保證，是債券市場中信用度最高的債券，最受投資人喜愛。

記名公司債

無記名公司債

可轉換公司債

有擔保公司債

無擔保公司債

 政府公債

由政府部門發行募集的債券，根據中央及地方政府不同發行單位而分為中央政府公債、地方政府公債。

中央政府公債是由財政部募集發行，主要是為了籌措國家經濟建設所需要的資金、平衡財政收支所發行的債券。

地方政府公債是由院轄市、省縣市等地方政府所發行的債券，其信用僅次於中央公債。

政府公債及金融債券都是採用無記名的方式發行，但是投資人也可以依自己的需要，向發行單位申請記名。公司債依不同的約定條件，還可分為有擔保及無擔保公司債、記名與無記名公司債、可轉換公司債。

投資工具入門學習地圖

Investing Basics

Learning Map

金融債券

是由國內專業用途的銀行（例如農民銀行、中國輸出入銀行、交通銀行、土地銀行等）為了籌措中長期貸款資金，所對外公開發行的債券。

公司債

一般企業為了籌措營運資金而發行的債券，公司債依據不同的約定條件，還可分為有擔保及無擔保公司債、記名與無記名公司債、可轉換公司債。

1 有擔保債券

指公司在發行債券時，以特定財產當做抵押品，抵押給銀行，由銀行當保證機構。

2 無擔保債券

指債券發行公司沒有提供特定的資產做為擔保，完全憑企業過去的經營成果及債信口碑。

3 記名公司債

投資人的姓名、地址等詳細資料都會記載在公司債權人名冊上，日後支付的利息將直接撥到投資人指定的帳戶中，或寄發支票給投資人。

4 無記名公司債

公司債上附有給付利息的票據，投資人在付息日到期後，剪下票據前往代付的指定銀行領取利息。

5 可轉換公司債

可轉換公司債的持有人在規定期間內，可以依照一定的轉換比例，將公司債轉換成公司的普通股股票。換言之，投資人在持有公司債的同時，又多了一項轉換股票的選擇權利，因此可轉換公司債的票面利率也會比普通公司債低。

目前市場上掀起的「連動式債券」熱潮，是一種結合海外債券的固定收益商品與衍生性金融商品的新產品。也就是把部分海外債券的利息，用來投資在海外指數型基金、選擇權或其他多種債券，以便賺取更高的收益。

什麼人應該投資債券？

投資債券有風險低、較定存利息高、可做為給付資金工具等優點，所以只要你是下列條件的投資者，你都應該在資產配置中加上債券這項投資工具。

適合投資債券者

1 保守型投資人

受不了股市暴漲暴跌的行情嗎？想在低利率時代追求穩定的利息收益，又怕定存利率直直落嗎？如果你是這一類保守型的投資人，可以試著投資債券，立即享受較高利息又較低風險的投資報酬。

2 中小企業主

身為中小企業的經營者必須將公司的閒置資金做最有效率的運用，才能為公司賺取最大的資金收益，並兼顧公司營運的資金需求。債券的變現性高、有固定的利息收益、又能做為支付資金的工具，對中小企業主而言，是最佳的投資工具。

3 大額投資者

投資是為了賺取更高的收益，但是投資也必須兼顧隱藏其中的風險。如果你因為得到獎金或賣出資產而一時擁有一大筆閒置資金時，你一定要試著將資金做最好的資產配置，那麼低投資風險、穩定收益的債券，絕對是不可缺少的投資工具。

4 常調度大筆資金的生意人

中央公債可以做為工程或法院競標的保證金，或是向證券商債券部、銀行、信託公司取得短期借貸資金之用，因此如果你是經常調度大筆資金的生意人，你可以把資金拿去購買債券，不但可以賺取利息，還能兼顧競標生意及融資借錢。

5 靠定存利息過活的定存戶

全球經濟遭遇嚴重的不景氣，國內財經主管單位紛紛以調降利率的方式，意圖刺激國內經濟景氣。這個時候，最吃虧的當屬靠定存利息過活的定存戶，因為利息隨著利率縮小將直接衝擊他們的收入來源。此時，你可以把資金移到利率較高、收益較穩定的債券上，避開利率直直落的利息損失。

如何跨出買債券的第一步？

　　由於投資債券的金額較高，無法吸引廣大投資人的青睞，所以一般人都不清楚債券的交易流程。不過，只要你熟知以下步驟，就能輕鬆投資債券。

債券初級市場申購 step by step

1 ▶▶▶ 查看財經報紙分類廣告，或證券商營業廳布告欄，找尋債券發行訊息

2 ▶▶▶ 攜帶身分證、印章，到債券發行單位指定的銷售機構

3 ▶▶▶ 填寫申購表格

4 ▶▶▶ 繳付申購債券所需的款項

5 ▶▶▶ 當天領取或數天後收到寄發的債券

Learning Map

D　　　　　　　　　E

債券交易的時間為星期一至星期五的上午9時至下午3時。由於債券交易的金額都相當龐大，所以款券收付的方式可以選擇匯款或支票，以便保障資金交易的安全。

債券次級市場交易 step by step

1 ▶▶▶▶ 攜帶身分證（公司法人戶則攜帶營利事業登記證及公司執照影印本）、印章，到證券商的債券部門填寫客戶基本資料。

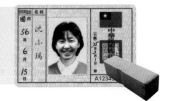

2 ▶▶▶▶ 以電話或當面向證券商的交易員議定債券買賣的金額、天期、利率及款券收付方式（匯款或支票）。

3 ▶▶▶▶ 與客戶議定完成後，債券自營商在債市中找到買主或賣方。

完成後

完成後

4 ▶▶▶▶ 賣出債券的投資人將債券交給券商，券商則將款項以支票或匯款方式交給投資人

買進債券的投資人當天將款項匯入證券商指定的交易專戶

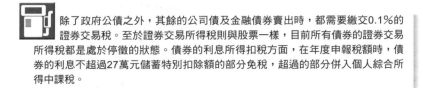

除了政府公債之外，其餘的公司債及金融債券賣出時，都需要繳交0.1%的證券交易稅。至於證券交易所得稅則與股票一樣，目前所有債券的證券交易所得稅都是處於停徵的狀態。債券的利息所得扣稅方面，在年度申報稅額時，債券的利息不超過27萬元儲蓄特別扣除額的部分免稅，超過的部分併入個人綜合所得中課稅。

4

投資債券有什麼訣竅？

　　債券的價格和利率的高低息息相關，市場的利率走低，投資人手中的債券馬上水漲船高；市場的利率走高，債券價格就會下跌。所以原則上只要掌握住利率的正確走向，就已經掌握住大半的投資訣竅。

投資債券的訣竅

1 反利率走向操作

當金融市場利率往下降時，新發行債券所訂定的債券利率會比原先發行債券低，投資人就會搶購原先較高債息的債券，使得此債券價格出現上漲現象，原持有債券的投資人便可賺進債券價差的利得。

所以利率與債券價格是呈現反向的走勢，因此想多賺取債券價差的投資人，必須時時關注金融市場利率的走向，以利率動向決定投資策略。

利率下降
買進債券

賣出債券
利率上揚

D   E   F

２ 反股市走向操作

債券發行的金額一向都極為龐大，因此要讓債券的價格上漲，也需要眾多的
投資資金湧入。而股市一向是眾多資金進出的投資市場，所以兩個投資市場
往往呈現相互排擠的效益。

所以股市與債市大體上也是呈現反向的走勢，股市出現多頭上漲行情時，債
市投資人會積極賣出債券，把錢投入股市而造成債券價格下跌。因此想多賺
取債券價差的投資人，必須時時關注股票市場的走向，以股市動向決定投資
策略。

股市下跌

買進債券

賣出債券

股市上漲

３ 選熱門、交易量大的標的

國內的債券市場交易仍然屬於淺碟型、交易量不足的市場，所以有些發行量
小的公債或公司債，會因為利率的大幅變動、或交易量小，使得債券交易商
加大價格報價或是停止報價，而影響債券的變現、流通能力。

尤其部分財務不佳的企業所發行的公司債，有可能在債券到期時出現無法償
還本息的問題，造成投資債券的重大損失。因此民眾投資公司債時，宜選擇
財務狀況良好、過去債券信用較具口碑、交易量較大的債券。

Investing Basics 投資工具入門學習地圖

哪裡可以找到相關資訊？

　　對大多數的散戶投資人而言，債券投資屬於較陌生的投資工具，主要的原因之一就是市場上有關債券的資訊都不若股票般充足而完備，因此有心要投資債券的民眾一定要先從以下管道，多多蒐集相關資訊，才能避免投資失利。

蒐集債券資訊的管道

WWW......
網站

櫃檯買賣中心
www.otc.org.tw
債券價格、交易統計、報價資訊

台灣證券交易所
www.tse.com.tw
可轉換公司債價格、交易量資訊

中華信用評等公司
www.taiwanratings.com
企業信用評等、債信情況

證券商業同業公會
www.csa.org.tw
債券投資分析、債市發展現況、訊息

群益證券
www.capital.com.tw
債券投資分析、債市發展現況、債券買賣交易訊息

富邦證券
www.fbs.com.tw
債券投資分析、債市發展現況、債券買賣交易訊息

統一證券
www.psca.com.tw
債券投資分析、債市發展現況、債券買賣交易訊息

寶來證券
www.polaris.com.tw
債券投資分析、債市發展現況、債券買賣交易訊息

D　　　　　　　　E　　　　　　　　F

www.....

網　站

 中央銀行
www.cbc.gov.tw
利率走向、債券利率現況

 財政部
www.mof.gov.tw
公債發行資訊揭露

 證券暨期貨管理委員會
www.sfc.gov.tw
債券投資管理規章、債市發展現況

 證券暨期貨發展基金會
www.sfi.org.tw
債券投資分析、債市發展現況、訊息

media....

媒　體

經濟日報
債市新聞、新商品介紹、利率現況

工商時報
債市新聞、新商品介紹、利率現況

財訊
債券投資分析、新商品介紹、利率現況

Smart智富月刊
債券投資分析、新商品介紹、利率現況

商業周刊
債券投資分析、新商品介紹、利率現況

Investing Basics　投資工具入門學習地圖

LEARNING SIR

學習智慧地圖

5

價值投資法

國富論

景氣循環

經濟指標

IPO

通貨膨脹

亞洲金融危機

投資共同基金

在所有的投資工具中，共同基金可說是門檻最低、最便利的。因為只要很少的錢、不需花太多心思，就有專業的基金經理人負責操作。投資共同基金這麼便利，有沒有什麼風險？投資效益如何？買賣共同基金又要注意什麼？本篇讓你馬上認識並學會買賣共同基金。

本 篇 提 要

- 介紹基金相關概念
- 買賣基金相關細節
- 投資基金的訣竅

共同基金是什麼東西？

　　簡單地說，共同基金（簡稱基金）是一種把大眾的錢交給專家去投資的一種投資工具。這些專家拿到大眾的資金之後，根據投資市場的景氣概況，把錢投資在股市、債券、外匯等不同的投資工具上，賺得的利潤再依照每個人資金的比例分配給投資者。基金淨值則是指基金目前持有單位的價值。

基金與基金淨值

 甲出50萬元　 乙出100萬元　 丙出150萬元

投　資

績優股100萬元　　　　　債券100萬元　　　　　現金100萬元

基金淨值 ＝ 總資產300萬元÷發行單位數30萬 ＝ 10元

 甲持有基金5萬個單位　 乙持有基金10萬個單位　 丙持有基金15萬個單位

Learning Map

D　　　　　　　　E　　　　　　　　F

投資基金的好處與風險

　　把錢交給專家投資，一方面可以彌補自己專業知識的不足，另一方面也能集合眾人的力量擴大投資範圍，所以投資共同基金可謂好處多多。但是基金投資並不保證絕無虧損，投資人務必要有此認知。

投資基金的優點

1 提升投資績效

共同基金是由投資專家結合投信公司內部的研究團隊，一起負責資金投資的運作，所以投資績效會比一般投資人還好。

2 可以小額投資

股票、房地產等投資工具的投資金額，少則數萬、多則百萬元以上，但是單筆投資基金只要1萬元，選擇定期定額每月扣款的方式只要3000元即可。

3 不必理會行情變化

由於共同基金是把錢交由投信專家去投資，所以投資人不必親自緊盯投資市場行情的變化，心情自然不易起起伏伏。

4 稅負較低

共同基金也是節稅的投資工具之一。依照現行的稅法規定，投資人投資國內、外共同基金的收益，除了股息之外，可以免繳資本利得稅負及綜合所得稅。即使是封閉型基金的證券交易稅（千分之一‧五），也比上市股票的證交稅（千分之三）減少一半，所以投資共同基金好處多多。

Learning Map

投資基金的風險

任何一項投資工具都有其風險，共同基金也不例外。當你決定買基金做投資時，應該先了解以下風險，以便做出最明確的判斷。

1 報酬率相對較低

高投資報酬隱藏著高度風險；相對地，較低風險投資工具的報酬率也相對較低。所以較低投資風險的共同基金與股票、期貨、認股權證等投資工具相較，共同基金的最大缺點就是投資報酬率不會有類似股票、期貨般，獲利動輒一倍、兩倍的情況發生。

2 手續費偏高

目前市面上最常見「定期定額」投資基金的方式，普遍有手續費偏高的缺點。以每個月投資5000元為例，投資人必須額外支付給銀行的手續費為75元上下，手續費的費率高達1.5％，有些甚至為3％，投資股票必須支付給證券商的手續費卻只需0.1425％。

D E F

3 基金經理人素質難掌握

國內的基金經理人頗有素質良莠
不齊的情形，有的基金經理人喜
歡追高殺低、有的基金經理人喜
歡天天換股操作、徒增交易成
本，更有極少數經理人可能結合
主力共同炒作股票，使你的基金
投資陷於極大的風險之中。

4 匯兌風險不低

如果你投資的是以美元或其他外幣計
價之海外基金，都存有一定的匯率升
貶風險，往往匯率的升貶左右了海外
基金大半的績效。由於沒有人能確實
掌握新台幣升貶的走勢，因此投資人
除了在投資海外基金前，應多多注意
長期匯率的走向之外，投資之後還要
每月或每季檢視投資效益才對。

Learning Map

投資基金如何為你賺錢？

投資基金就是為了賺取專業操盤者為我們贏得的投資報酬，有些基金除了年度配息的收益可賺之外，還有淨值變動的價差。如果你投資的是海外基金，一旦<u>新台幣貶值</u>還能為你賺進匯兌的利差收益。

1 利息收益

就像股票每年都會發放股息，如果基金投資有賺進收益，基金也會配發部分的投資收益給投資人。但不是每一支基金都把投資的利得拿來分配給投資人。有些基金規定永不配息，而是把獲利轉入基金規模之中，壯大基金本身的資產。

2 淨值價差利得

每一支基金都有其淨值（淨值象徵此基金每個單位的市值），當基金所投資的標的價格上漲（例如資金投資股市），基金淨值自然跟著水漲船高，此基金的投資人便可賺得淨值上漲的利得。

每股淨值10元的基金

股市上漲

基金淨值上漲至15元
投資人賺得價差

3 匯兌價差利得

如果你投資的是以國外幣別計價的海外基金，一旦新台幣貶值，還能再賺取匯兌價差的利潤。

購買海外基金

計價外幣升值

投資人賺得匯兌價差利得

D　　　　　　　E　　　　　　　F

基金市場如何運作？

　　由於投資人越來越有分散投資風險的認知，因此由專家代為操盤的基金市場，台灣近幾年發展極為迅速。基金市場主要是由投資人、投信公司、保管銀行、證期會等機構運作而成，其中各項關聯如下圖：

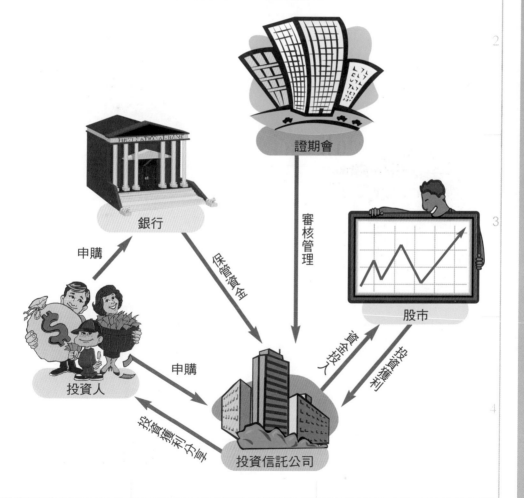

基金市場運作方式

證期會

銀行

股市

申購

保管資金

審核管理

投資人

申購

投資信託公司

Investing Basics　投資工具入門學習地圖

5

A　　　　　　　B　　　　　　　C

Learning Map

1 投資人

前往代銷銀行或直接到投信公司,透過單筆或定期定額扣款的方式購買共同基金。

2 投資信託公司

簡稱投信,也就是發行共同基金的機構。投信向證期會提出募集新基金的申請,等到獲得證期會核准後才能對投資人銷售此基金。

3 銀行

由投信選定一家保管此基金的銀行,稱之為「保管銀行」。另外,投信也委託多家銀行代銷基金,使得這些銀行扮演銷售基金的通路角色。

4 證券暨期貨管理委員會

簡稱「證期會」,屬於政府機關部門,主要職權是審核新基金的成立、投信及保管銀行是否有違法事項,以保障投資人權益。

D E F

基金有哪些種類？

　　共同基金隨著贖回方式、發行區域等條件的不同而有許多種類，因為基金投資的標的各不相同，所以有不同的風險程度，投資人購買前一定要先了解清楚。

基金的種類

1 依「投資標的」區分

股票型基金
主要是將資金投資在股票市場上，這種基金是目前數量最多的基金型態。例如保德信元富科技島基金、高成長基金。

債券型基金
主要是將資金投資在各式債券上，例如公司債、政府公債等。
債券型基金雖然數量不是最多，但是投資金額卻是最多的，總金額超過1000億元以上。例如元大多利基金、富邦如意基金。

平衡型基金
把資金平均投資在各式債券市場以及股票市場中，其比重大約各占一半。例如建弘廣福基金、群益真善美基金。

2 依「發行地」區分

海外基金
基金投資的範圍在本國以外的股市或債市，募集的對象通常為基金公司註冊地以外的投資人。例如瑞士銀行美國中型股基金、富蘭克林坦伯頓歐洲基金。

國內基金
基金投資的範圍在本國股市或債市，募集的對象通常為本地的投資人。例如保誠中小型基金、傳山永豐基金。

Investing Basics 投資工具入門學習地圖

3 依「投資區域」區分

區域市場基金
基金投資的範圍跨足某一個地區的範圍，例如亞洲、美洲等地區，可適度規避單一國家發生經濟危機時的投資風險。例如高盛亞洲基金、富達歐洲增長基金。

單一市場基金
基金投資的範圍只限定在單一國家的標的，例如美國、英國等，因此投資風險較高，但是投資報酬率也可能較大。例如友邦瑞士基金、霸菱澳洲基金。

全球型基金
基金投資的範圍為全球各國的股市或債市，由於投資的範圍極廣，因此可充分達到分散投資風險的效果。例如富蘭克林坦伯頓全球成長基金、富蘭克林坦伯頓歐元全球成長基金。

4 依「贖回方式」區分

開放型基金
基金在完成募集完成之後，並不會在股市中掛牌交易買賣。所以參與募集的投資人想賣出手中的開放型基金時，必須親自到投信公司辦理賣出基金的手續。例如保誠外銷基金、保德信元富金滿意基金。

封閉型基金
基金在完成募集或募集期限屆滿之後，此基金會在股市中掛牌交易、接受市場投資人的自由買賣。換句話說，這支基金就會類似股票上市一樣，會有自己的上市交易價格。投信公司本身就不再接受原先參與募集的投資人買進或贖回。例如荷銀鴻運基金、富邦店頭基金。

D　　　　　　　　E　　　　　　　　F

什麼人應該投資基金？

　　由於共同基金具有專家操作、小額投資、降低風險等優點，所以特別適合上班族、退休人士等民眾參與投資。

適合投資基金者

1 屆齡退休人士

這一類的投資者已經沒有太多的本錢及時間，去承擔投資失利的虧損，所以不適合投資風險較高、投資金額較大的期貨、股票等投資工具。換言之，報酬率穩定的共同基金是這一類屆齡退休投資人最好的選擇。

2 上班族

上班族普遍缺乏專業的投資知識，加上工作後剩餘的時間有限，因此極適合選擇共同基金做為主要的投資工具，把投資的難事交給專家去煩惱。

Investing Basics　投資工具入門學習地圖

3 投資股票失利者

如果你長年下來投資股票都是處於賠錢的狀態；如果你覺得股市、期市行情的變化實在難以捉摸，此時你應該考慮把部分的資金交給投信公司的基金經理人。

4 育兒薪水家庭

家中育有兒女的薪資家庭，由於每月收入固定但支出龐大，每個月結餘的閒錢已經有限，所以適合把資金投入兼具小額投資、報酬率相對穩健的共同基金，以便籌措子女教育金及退休基金。

5 社會新鮮人

社會新鮮人普遍有投資資金不足、缺乏專業投資知識及經驗的現象，再加上他們年紀輕的本錢，非常適合以長期、定期定額的方式投資共同基金。

如何跨出投資基金的第一步？

　　由於基金已經是相當普遍的投資工具，因此許多人往往不加思索、人云亦云就盲目投入大筆資金。其實基金也有投資風險，你必須隨著以下步驟、按部就班投資基金，才能立於不敗之地。

申購基金step by step

1 ▶▶▶ 利用各種管道廣泛蒐集資訊，以便篩選操作績效良好的基金

2 ▶▶▶ 詳閱公開說明書，認清楚此基金投資的標的、贖回、紅利分配等規定（此步驟極為重要，但投資人最易忽略）

3 ▶▶▶ 攜帶身分證、印章、資金，到代銷銀行或投信公司

4 ▶▶▶ 填寫申購單、交付投資金額

5 ▶▶▶ 投資人取得基金憑證或基金保管單，完成基金申購

贖回基金step by step

1 ▶▶▶ 攜帶身分證、印章、基金憑證或基金保管單，到發行基金的投信公司

2 ▶▶▶ 填寫贖回申請單、交付基金憑證或基金保管單

3 ▶▶▶ 投信公司將贖回基金的款項以匯款或支票的方式，支付給投資人

　　投信公司不會準備一大筆資金在公司內，隨時因應基金投資人的贖回動作。因此投信公司都是以匯款或支票的方式，支付給投資人贖回基金的款項。

5

投資基金有什麼訣竅？

　　隨著台灣金融市場的開放，已經有各式各樣的海內外基金在市場上流通，但是面對投信宣傳、促銷基金的手法精進，以及琳瑯滿目、績效良莠不齊的基金，投資人挑選基金時應該掌握以下的致勝訣竅：

投資基金的訣竅

1 設立停損、停利點

投資基金與股票一樣，都要設立停損、停利點，早期的基金投資人都以為把資金交給專業經理人，就可以高枕無憂。其實基金淨值也和股價價格一樣都會漲跌，一旦基金投資人買錯基金或在不當的時機買進基金，一樣會發生嚴重套牢的情形，此時設立停損、停利就變成基金投資人非常重要的工作。

理由是基金的績效如果因為股市下跌而表現太差、或是輸給其他基金時，將會引發投資人大量贖回基金，而使得基金的規模減少。

基金的規模一旦因為投資人大量贖回而減少，就會使得基金的可用資金減少，迫使基金經理人在低點時賣出持股，以便應付投資人不斷贖回基金的動作。如此一來，不僅股票會賣在最低點，影響這個基金的投資效益。就算未來股市上漲，這個基金也會因為資金不足而無法逢低加碼買進持股，基金績效將難有起色。

2 「三分之一」挑選準則

市面上的基金數目繁多，基金績效也時常起起落落，投資人想找個好基金來投資，最好從「相對績效」表現較佳的方向著手。

舉例來說。講求長期報酬率的投資人可以從坊間雜誌、投資機構所評鑑的基金績效排行榜中，找出最近一年、二年及三年的長期基金績效排名居前三分之一，做為投資人篩選長期績效良好基金的準則。

3 「二分之一」挑選準則

講求短中期報酬率的投資人,可以從投資機構所評鑑的基金績效排行榜中,找出最近一季、半年績效排名名列前二分之一的基金,以做為投資人篩選短中期績效良好基金的準則。

4 單筆與定期定額靈活運用

單筆申購與定期定額各有優缺點,最主要得視個人的資金狀況而定。如果手上有一筆閒置資金,在投資市況熱絡的情況下,就可以整筆投資買基金,但是必須選擇績效較平穩的基金,如此一來才能把風險降至最低。

如果手中資金不多,則最好以定期定額的方式買進基金,這時投資人最好選擇淨值穩健成長的基金做為投資對象,投資報酬率才會較高。

5 基金規模在10億元至30億元之間

資產規模太大的基金,經理人比較不利於投資資金的調度;資產規模太小的基金一旦遇到股市大跌、投資人大量贖回,就會影響資金的調度及投資決策,因此投資人選擇的基金資產規模最好在10億元至30億元之間。

如果你想進一步了解如何投資共同基金,請參閱《買共同基金學習地圖》。

Investing Basics　投資工具入門學習地圖

哪裡可以找到相關資訊？

　　目前基金市場中有數以千計的國內外基金，投資人要從中挑選績優的基金，必須有賴於豐厚的資訊。投資人可以透過以下的各項管道，取得基金市場的相關訊息。

蒐集基金資訊的管道

WWW....

網站

聯合理財網基金頻道
money.udn.com/NASApp/fund
基金新聞、績效排名、基金資料

Morning Star網站
www.morningstar.com
海外基金新聞、績效排名、基金資料

標準普爾Micropal
www.micropal.com
海外基金新聞、績效排名、基金資料

投信投顧公會網站
www.sitca.org.tw
基金投資準則、績效排名、基金基本資料

Cmoney888
www.cmoney888.com.tw
基金新聞、績效排名、基金資料

中央社商情網
www.cnabc.com
基金新聞、績效排名、基金資料

證券暨期貨管理委員會
www.sfc.gov.tw
基金投資規章、基金市場現況

media....

媒 體

經濟日報
基金新聞、基金最新淨值、基金投資建議

工商時報
基金新聞、基金最新淨值、基金投資建議

財訊
基金投資分析、基金市場動態

Smart智富月刊
基金投資分析、基金市場動能

Mook雜誌書
基金投資分析、績效排名、基金資料

fund....

基金公司

怡富投信
台北市敦化南路二段65號17樓
基金公開說明書、基金買賣申購及訊息、基金最新淨值

群益投信
台北市敦化南路二段69號15樓
基金公開說明書、基金買賣申購及訊息、基金最新淨值

台灣投信
台北市南京東路二段123號12樓
基金公開說明書、基金買賣申購及訊息、基金最新淨值

保德信元富投信
台北市松德路171號16號
基金公開說明書、基金買賣申購及訊息、基金最新淨值

學習地圖

6

價值投資法

國富論

景氣循環

經濟指標

IPO

通貨膨脹

投資外匯

外匯的範圍相當廣泛，大至國與國、小至人與人之間，出現支付貨幣或收取貨幣的行為，而必須以一個國家的貨幣換取另一個國家的貨幣的舉動，全部統稱「外匯交易」。因此，包括投資海外基金、國外股票、外匯保證金交易等，都是外匯交易的範圍。

本　篇　提　要

- 介紹外匯相關概念
- 買賣外匯的優點及風險
- 投資外匯的訣竅

6

外匯是什麼東西？

　　簡單地說，「外匯」就是「外幣匯兌」，也就是用一個國家的貨幣換取另一個國家的貨幣。其實外匯的範圍相當廣泛，大至國與國、企業與企業，小至人與人之間因為商務往來、投資、旅遊、金融借貸、援助等，出現支付貨幣或收取貨幣的行為，而必須以一個國家的貨幣換取另一個國家的貨幣的舉動，全部統稱「外匯交易」。

　　由此可知，外匯交易有時不會只是單純地「以貨幣換貨幣」的方式交易，而且在金融市場中，絕大部分的外匯交易都是因為投資而產生大量的外匯交易行為，包括投資海外基金、國外股票、外匯保證金交易等，都是外匯交易的範圍。

外匯交易step by step

1 ▶▶▶ 把資金（台幣）兌換成甲國貨幣

2 ▶▶▶ 把甲國貨幣匯至甲國做生意或投資甲國股票

3 ▶▶▶ 將賺得的資金兌換為新台幣

4 ▶▶▶ 將新台幣匯回國內

中央銀行外匯管理條例第二條記載：「外匯為外國貨幣、票據及有價證券。」

外匯交易跟其他投資工具最大不同點在於，「貨幣」本身就是交易的商品，而且是可以使用、與投資資金相互兌換的商品，不像股票不能使用，也不能和投資資金相互兌換。外匯這項貨幣特性可以使你操作外匯這項工具時，比別的投資工具多了貨幣升貶的報酬及風險。

D　　　　E　　　　F

投資外匯的好處與風險

外匯市場是一個公平、公正而且公開的交易市場，所以各國貨幣的匯率升貶不會產生如股票內線交易等弊端，加上外匯市場的資訊十分透明，又具備可以實際使用、賺取利息、避免資產縮水等多項好處，投資人應該多多了解它。

投資外匯的好處

1 變現性、方便性高

外匯交易的本身就是貨幣交易，所以沒有變現不便的問題，即使是你的新台幣已經兌換成美元，仍然可以帶著它上街購物，而且匯兌的升貶仍然持續在運作，所以你的投資效應也仍然進行著。其他的投資商品就會面臨變現的問題，股票、基金、房地產都不能帶著它做為支付貨款的工具，一旦你把它變成現金，投資效應也就跟著停止了。

2 市場較公平、公正

全球交易最熱絡的金融工具就是貨幣，所以交易貨幣的外匯市場也是全球規模最大的金融市場，預估全球外匯市場每日的交易量高達1.5兆美元以上，大約是台灣股市平均每天成交總值的1000倍。交易量這麼龐大的外匯交易市場，沒有任何個人、企業或是國家能夠直接而且充分有效地干預外匯市場。所以每個人都可以從中賺得公平、公正的投資報酬。

以1997年亞洲金融風暴為例，當時的印尼國幣一印尼盾從1美元兌換2300元印尼盾左右，一路貶值到1美元兌17050元印尼盾，印尼政府不惜動用了中央銀行的資金、銀行團的力量，仍然無法控制住印尼盾貶值的走勢。

3 交易市場較穩定

由於一個國家的貨幣幣值，攸關這個國家的企業進出口、總體經濟的營運平穩程度，所以每個國家的中央銀行都會刻意穩定自己國家的貨幣升貶幅度，所以一般外匯市場的波動情形遠比股票、期貨市場的穩定性佳，投資人不必擔心昨天買賣的外匯，今天立即折損一半或變成廢紙。

4 交易時間長可規避風險

股票、期貨都會受到交易所每天營業時間的限制，所以無法做到全天候交易。但是外幣市場是全球性的電腦交易連線，全球各地都有不同時區的國家正進行外匯交易。因此除了週末、週日之外，外匯的投資者可以在任何時間透過電話進出市場，投資風險的應變速度及能力也隨之提高。

5 可輕鬆投資獲利

在股票或其他投資市場上，想抓住投資賺錢契機的投資者，都得詳細研究、預判行情的走勢。但是投資外匯的投資人只要選擇買進市場上的強勢貨幣，不必額外運用作空或作多的投資方法，也不必注意煩人的技術分析，就可以隨著強勢貨幣的「升值」，讓你的資產跟著增值、輕鬆獲利。

外匯市場中，各主要交易貨幣的每日平均波動幅度範圍，大約只有0.7%~1.8%之間，比股市的7%明顯穩定許多。

什麼是升值、什麼是貶值？

貨幣在外匯市場上互相交易流通，此貨幣的幣值就會如同股票市場交易一樣，出現漲、跌的現象。升值就是指幣值上漲，貶值就是指幣值下跌。例如：

對甲幣而言

昨天
「1元乙幣可以
兌換
10元甲幣」

今天
「1元乙幣可以
兌換
8元甲幣」

甲幣
升值2元
（10－2
＝8）

乙幣貶值
0.025元
（0.125－
0.1＝
0.025）

對乙幣而言

昨天
「1元甲幣可以
兌換
0.1元乙幣」

今天
「1元甲幣可以
兌幣
0.125元乙幣」

投資外匯的風險

　　無論何時、何地，外匯交易都隨著全球的貨幣流通而進行著，所以外匯市場屬於全天候的投資市場，投資風險也跟著廣泛延伸。因此外匯的投資人應該牢記以下各項投資風險，才能確保本身的投資獲利。

1 基本面變動風險

一國貨幣的強勢與否，主要來自於這個國家基本面經濟情況的好壞，經濟實力越強，貨幣幣值越強勢；經濟實力越弱，貨幣幣值越弱勢。由於影響一國經濟實力的變動因素相當廣泛，包括政治、油價、產業競爭力、利率、股市表現等，這些都成為影響外匯市場的潛在風險。

2 突發事件的風險

外匯市場是全球性的交易市場，因此不單只是國內發生重大事件，即使是遠在天邊的大國發生重大事件，例如美國911恐怖攻擊事件、中共試射飛彈等，都會在外匯市場裡引起貨幣大幅升貶的劇烈波動，進而產生相當大的投資風險，而且這種突發事件的發生是任何人也無法預知的。

3 財務槓桿的風險

外匯投資中的外匯保證金交易、外匯期貨等投資方式，都是利用高倍的財務槓桿方式，賺取更高的外匯投資報酬。不過，這種財務槓桿的運用同樣會提高投資人財務控管的風險，甚至一不小心就會造成嚴重的投資虧損，投資人不可不察。

4 人為干預的風險

雖然前面提過外匯交易的規模相當龐大，並非任何一個機構或個人所能左右，但是仍有匯市投機客集合眾多力量，以及各國央行為了打擊匯市投機客、或向國人宣示匯率政策時，仍然會強力干預短期匯率走勢，而使得外匯操作出現不可預知的人為干預風險。

D   E   F

投資外匯如何為你賺錢？

雖然貨幣與貨幣之間的升值與貶值，並非如股票、期貨那樣大幅波動進而產生鉅額獲利，但是只要抓住幣值升貶趨勢，外匯交易仍然能為你賺進可觀的投資報酬，以及得到充分的避險利得效益。

投資外匯的3項利得

1 幣值上漲的利得

貨幣在外匯市場上互相交易流通，此貨幣的幣值就會出現升值、貶值情形，一如股票市場交易般的漲跌現象。

如果投資人逢低買進此貨幣或以此貨幣進行投資，一旦此貨幣幣值升值，投資人就能賺到貨幣升值的利得。

2 外匯避險的利得

外匯交易對進出口廠商而言，是一項相當重要且不可偏廢的避險管道。進出口廠商手中除了留有台幣支付貨款之外，也會隨時準備、預存大筆的主要流通外幣，例如美元、歐元等，以防止外匯市場中台幣出現大幅貶值的走勢時，一方面可以用升值的外匯貨幣繳付貨款、減少損失，另一方面也可以減少因持有台幣現金資產而產生的匯兌損失，進而賺得外匯避險的利得。

1

2

3

4

6

3 匯兌套利的利得

貨幣與貨幣之間的匯兌轉換，並不是依照一定的兌換比例，各幣值之間的升貶完全由外匯市場的交易情形決定。因此一旦貨幣之間出現匯兌的價差時，投資人就可以輕鬆賺進外匯套利的利得。

由於目前銀行接受投資人匯兌外幣時，都會預留匯兌的買賣價差（以較低價格買進貨幣、然後以較高價格賣出，外匯市場中稱之為水差），所以投資人想賺得匯兌利差之前，必須先計算看看划不划算。

匯兌如何套利

美元兌日圓 1：120　　美元兌新台幣 1：30　　新台幣兌日圓 1：4.5
三者出現匯兌利差

投資人把1元新台幣兌換得4.5元日圓

再把4.5元日圓兌換成0.0375美元（4.5÷120）

投資人再把0.0375美元兌換為1.125元新台幣

投資人賺得0.125元新台幣的匯兌利差

外匯市場如何運作？

　　由於外匯交易市場關係到整個國家的國際貿易交流，所以除了各國的中央銀行之外，包括進出口外貿廠商、銀行、個人也都是外匯交易市場的一員；先進的通訊及諮詢設備更提供了一個外匯交易更好的競技場所，給投資者、投機者或是貿易業者提供了交易之地。

外匯市場運作圖示

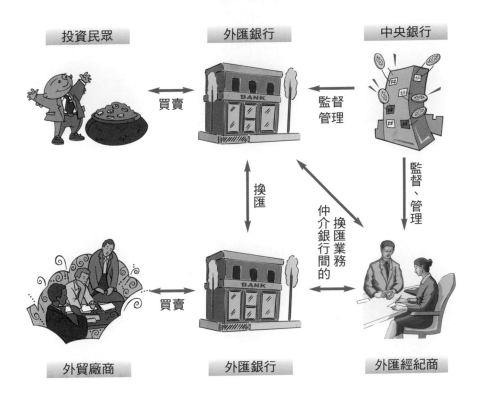

投資民眾　　　　　　外匯銀行　　　　　　中央銀行

買賣　　　　　監督管理　　　　　監督、管理

換匯

仲介銀行間的換匯業務

外貿廠商　　　　　　外匯銀行　　　　　　外匯經紀商

買賣

Learning Map

1 外貿廠商

指將貨物出口到國外，賺得利潤之後，再將錢換成新台幣匯回國內的企業。這些廠商買賣外匯的頻率相當高，是外匯市場中主要的供應者。

2 投資民眾

除了賺取外匯價差的投資者之外，還包括一般投資外幣定存、海外基金、股票、外匯期貨等投資人，或是需要結匯的留學生、國內外旅客等。雖然他們買賣外匯的金額不會太大，但是對外匯市場卻可以發揮螞蟻雄兵的力量。

3 外匯銀行

指經營買賣外匯及承辦外匯存款、匯兌等業務的銀行，國內較知名的外匯銀行例如中國國際商業銀行、中國輸出入銀行等。平時外匯銀行除了辦理投資民眾、外貿廠商的外匯業務之外，也會以自有營運資金與各國外匯銀行進行換匯等業務往來。

1996年3月，國內舉行總統大選、中共在台灣海峽試射飛彈，爆發近年來嚴重的台海危機，當時民眾的恐慌心理引發「狂賣台幣、搶買美元」的舉動，連中央銀行強力干預也無法阻止螞蟻雄兵的力量，使得新台幣在一個月內劇貶20%。

4 外匯經紀商

是專門為銀行之間進行外匯撮合買賣的公司，性質有點像股市中的「號子」，在外匯市場中扮演仲介的角色，只不過外匯經紀商服務的對象是銀行而不是個人。

過去國內只有一家外匯經紀商，名為台北外匯經紀公司，銀行間的外匯交易都得依靠它。近年再增加「元太外匯經紀公司」，象徵國內的外匯交易更透明化、自由化。

5 中央銀行

中央銀行是國內貨幣政策的最高主管機關，舉凡利率及匯率的所有政策及動向，都屬中央銀行的業務範圍。因此外匯市場的監督、管理及規則制定也都由中央銀行負責。

D　　　　　　　E　　　　　　　F

外匯有哪些種類？

　　外匯投資的商品種類不少，幾乎和投資相關的金融商品，都可以成為外匯投資的標的。如果依據投資風險的高低程度分類，可以分為「低風險外匯投資」以及「高風險外匯投資」兩大類。

低風險外匯投資商品

這一類的外匯投資風險較低，但是相對地投資報酬率也比較低。

1 外匯存款

外匯存款是指將本國貨幣的存款兌換為他國貨幣的存款，例如將新台幣存款轉存為美元存款帳戶，此時存款的利率按照美國訂定的存款利率計息。
外匯存款是最簡單也是投資風險最低的外匯投資，投資人除了可以領到存款利息之外，還有機會賺得匯率的利差。

2 貨幣型基金

貨幣型基金屬於基金投資的一環，它是把投資人的資金轉換為外幣之後，交由專業的經理人投資在國外的存款、短期票券、可轉讓定存單等貨幣市場的金融商品之中，所以也有人稱之為「貨幣市場基金」。由於貨幣型基金投資的商品都是報酬率平穩的金融商品，因此投資報酬率不會出現大起大落的現象。

目前一般貨幣型基金的年投資報酬率約2%至4%左右，比新台幣定存還高。

高風險的外匯衍生性金融商品

這一類的外匯投資商品都是透過外匯交易所衍生出來的利差，進而成為投資人套利或避險的外匯投資商品，所以投資的風險較高，但是相對地投資報酬率也比較高。

1 外匯保證金交易

外匯保證金交易是指投資人先在銀行存入一筆外幣款項之後，然後銀行便會允許你利用這筆外幣去買賣10倍金額的其他外匯，從中賺取匯率波動的利差。由於這種外匯投資屬於「以小搏大」的財務槓桿投資法，所以投資報酬及風險都相當高。

2 外匯期貨交易

外匯期貨交易屬於期貨市場的一項金融期貨投資商品，投資人交易的對象是期貨經紀商，與外匯保證金交易的交易對象是銀行大不相同。外匯期貨交易的模式是買賣雙方在期貨交易所中，透過公開出價的方式，以某一外幣的匯率升貶做為期貨交易的標的。

D   E   F

什麼人應該投資外匯？

外匯是一個兼具投資與避險功能的投資工具，尤其外匯交易具有全天候無休的特性，所以非常適合經常進行國內外投資或旅遊的人使用。此外，一些經營進出口貿易的廠商，也應該多多透過外匯市場，為自己的生意往來資金做適當的避險措施。

適合投資外匯者

1 有大筆資產的投資者

現在的投資商品相當多，如果你有一大筆閒置資金，卻只想投資國內的股票、基金、債券時，你應該趕快修改這種落伍的投資觀念。因為現在科技及金融發展都已經邁向國際化的領域，唯有適度地將資產分散投資到國際間的外匯市場裡，才能達到獲利、避險兼顧的目的。

2 經常出國經商、就學或旅遊的民眾

如果你經常出國，不論是為了經商、就學或是旅遊，你都應該多多接觸外匯市場，並且為自己開立外幣存款帳戶，除了可以隨時提領所需要的外幣之外，也能即時掌握國外金融市場的投資契機。

3 經營進出口貿易的企業主

常以外幣支付貨款的企業主，一定要把外幣資產列入資產組合配置之中，一方面可以方便支付貨款給國外廠商，另一方面也可以避免因匯市波動而可能產生的匯兌損失。

4 想要以小搏大的投機客

外匯交易保證金、外匯期貨交易都是「以小搏大」的投資工具，雖然投資風險相當高，但是投資人只要繳付少少的保證金，就有機會賺到倍數的獲利。因此想要以小搏大的投機客，都不應忽略這項投資工具。

如何跨出投資外匯的第一步？

　　一般的投資人較常接觸的投資工具，都是本國的金融商品，比較少投資以外國貨幣計價的外匯市場。其實投資外匯市場並不如想像中困難，只要遵循以下的投資步驟，不論是低風險的外幣存款，還是高風險的外匯保證金交易，都能得心應手。

外幣存款step by step

1 ▶▶▶ 攜帶身分證、新台幣及印章

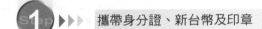

2 ▶▶▶ 親自到銀行外匯櫃檯辦理開戶

3 ▶▶▶ 填寫開戶申請表格

4 ▶▶▶ 銀行交付外幣帳戶存摺

5 ▶▶▶ 完成開戶

Investing Basics　投資工具入門學習地圖

Learning Map

外匯保證金交易 step by step

1 ▶▶▶ 攜帶身分證、新台幣及印章

2 ▶▶▶ 親自到銀行外匯櫃檯開立外幣帳戶

3 ▶▶▶ 填寫外匯保證金交易合約及相關表格

貨幣型基金、
外匯期貨交易請
詳見投資基金篇及
投資期貨篇。

4 ▶▶▶ 存入外匯保證金

5 ▶▶▶ 選定欲投資的外幣

6 ▶▶▶ 向銀行外匯交易員下單

7 ▶▶▶ 完成外匯保證金交易

D　　　　　　　　E　　　　　　　　F

投資外匯有什麼訣竅？

　　外匯投資與投資其他金融商品一樣，投資者在事前一定要仔細做好匯率升貶的分析和預測。對於高風險的外匯保證金交易，必須秉持與投資期貨一樣的短線投資的心態，採取設立停損、順勢加碼的相同策略，就能掌握到獲利的訣竅。

投資外匯的訣竅

1 「三分之一」準則

對於「以小搏大」的外匯保證金交易而言，投資者資金的調度與分配是首要注意的重點，絕對不可以一次就把所有的保證金全部投入。最好將總投資額分為三等分，也就是當投資人存入30萬元保證金時，每次只投資10萬元操作外匯保證金交易，剩餘的資金可以做為補繳保證金或逢低加碼的投資資金，擁有足夠的資金才能在外匯市場上操作自如。

2 善設停損點、獲利點

設立停損點幾乎是所有操作高風險投資工具時，必須遵守的投資準則，外匯保證金交易也不例外。由於操作外匯保證金交易的目的，是獲取短線的最高投資報酬，而且投資風險與期貨一樣高，因此投資人務必做到「不貪與服輸」，勇於執行停利、停損的動作，以免匯市行情遽變，損失先前繳交的保證金。

6

哪裡可以找到相關資訊？

　　外匯市場幾乎是24小時不停止地交易著，此時資訊取得的多寡、取得的時程，都攸關能否迅速掌握致勝的契機。尤其影響貨幣升貶的因素相當廣泛，包括政治、油價、產業競爭力、利率、股市表現等，這些都有賴充足且便捷的資訊管道，才能在外匯市場長久獲利。

蒐集外匯資訊的管道

WWW…… 網站

美聯社
www.ap.org
外匯市場行情、各國金融市場利率及匯率走勢評論、各外匯銀行

彭博資訊
www.bloomberg.com
外匯市場行情、各國金融市場利率及匯率走勢評論、各外匯銀行

路透社
www.reuters.com
外匯市場行情、各國金融市場利率及匯率走勢評論、各外匯銀行

中國國際商業銀行
www.icbc.com.tw
外匯市場商品介紹、匯率行情報價、電子線上下單

中國輸出入銀行
www.eximbank.com.tw
中長期融資、外匯保證金及輸出保險業務

Learning Map

D　　　　　　　E　　　　　　　F

www.....

網站

鉅亨網
www.cnyes.com.tw
外匯市場投資分析及動態、國內外財經新聞

Cmoney888
www.cmoney888.com.tw
外匯市場投資分析及動態、國內外財經新聞

中央社商情網
www.cnabc.com.tw
外匯市場投資分析及動態、國內外財經新聞

中央銀行
www.cbc.gov.tw
牌告存放款利率資訊、外匯收支統計、金融統計、國家收支
統計

財團法人台北外匯市場發展基金會
www.tpefx.com.tw
新台幣匯率、新台幣有效匯率指數、台北外匯市場指南、外
匯市場發展現況

media....

媒體

經濟日報
國際主要貨幣匯率表、國際間重
大財經新聞

工商時報
國際主要貨幣匯率表、國際間重
大財經新聞

學習地圖

7

價值投資法

國富論

景氣循環

經濟指標

IPO

通貨膨脹

亞洲金融危機

投資期貨

簡單地說，期貨就是買賣雙方事先約定交易的物品、金額、時間、給付保證金的一種交易。期貨交易在一般人的印象中，就是高風險、高門檻。其實只要懂得運用、謹慎操作，利用期貨投資獲利的成果會相當豐碩。

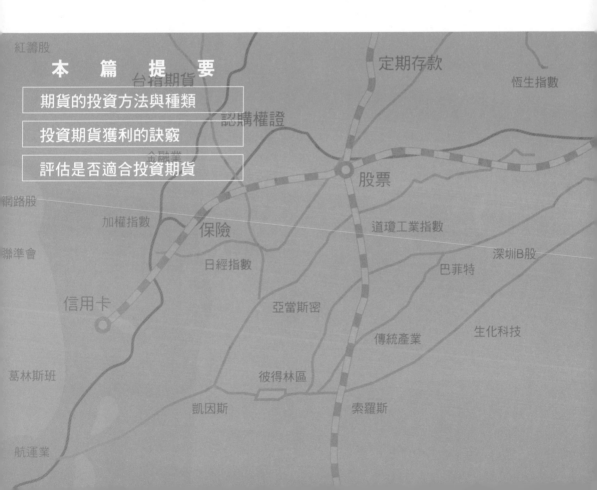

本 篇 提 要

期貨的投資方法與種類

投資期貨獲利的訣竅

評估是否適合投資期貨

Learning Map

期貨是什麼東西？

　　「期貨」是什麼東西？簡單地說，期貨就是買賣雙方事先約定交易的物品、金額、時間、給付保證金的一種交易。期貨的全名應該是「期貨契約」（Futures Contracts），而不是大家以為的「貨品」，大家約定雙方同意在未來某一天，針對某種實質商品或金融資產依契約內容做交易。

期貨的概念

有鑑於農曆春節快到了，到時候出國班機可能沒有機位。甲於是在12月時就先和某航空公司約定好「大年初一」（時間）、「訂下一個機位」（物品）、「機票價位5000元」（金額）、訂金（保證金）為500元。甲和航空公司的約定就是一個「期貨」的概念。

現貨vs.期貨

現貨交易

甲帶著錢去航空公司買下今天的機位，就是一項「現貨交易」，股票、基金、債券都是屬於現貨交易。

期貨交易

甲和航空公司約定好買下數天後的機位，就是一項「期貨交易」。如果甲預先付了訂金給航空公司，這個「訂金」就類似期貨交易中的「保證金」。

期貨交易是保證金交易（margin trading），交易雙方必須依契約規定付出一定的保證金，以保證履行契約的誠意與能力。此保證金的數目會隨著每日期貨價格的變動不斷調整。

Investing Basics　投資工具入門學習地圖

投資期貨的好處與風險

　　期貨和股票類似，兩者都會出現標的價格的波動，投資人可以從中賺得投資差價。但是期貨的投資限制低於股票，財務槓桿效應則更甚於股票，所以期貨的投資報酬率高於其他投資工具，又可以做為避險的工具。對時常投資的民眾而言，想要投資賺錢、適時規避風險，非得投資期貨不可。

投資期貨的好處

1 財務槓桿效應大

大多數的期貨交易的保證金都低於10%，也就是說買進100萬元的期貨，只需要10萬元即可；而目前股市規定的融資成數最高為六成，所以同樣是100萬元的股票信用交易，投資人最少也得拿出40萬元的投資款項。

2 交易限制少、投資較靈活

在期貨市場中，每一個買進（即多單）契約就相對應一個賣出（即空單）契約，所以投資人可以自由選擇買多或賣空，而且可以在同一天買進又賣出（即當日沖銷）同一份期貨。

債券、基金、房地產等完全沒有「賣空」這回事，即使是投資人也不能隨意放空股票（除非你具有信用交易帳戶，而且股價在平盤之上），投資靈活度遠不如期貨。

3 具投資避險功能

在前面甲的例子中，當甲擔心大年初一買不到機位時，甲採用了以「機位期貨」的方式先行買進機位；由於乙沒有利用「機位期貨」的這項投資工具，所以他必須比甲多花費1000元的費用，才買到大年初一的機位。所以甲成功地以期貨工具避免了機位上漲的風險，這就是期貨避險的好處。

投資期貨的風險

投資人只要運用少少的保證金，就可以賺得大幅波動的投資報酬，但是同樣地，如果期貨的走勢不如自己所預期的，投資期貨的風險也將遠大於其他投資工具。期貨還有其他如「固定期限」、「匯率波動」等投資風險，投資人介入時一定要了解清楚。

1 財務槓桿風險

大多數的期貨交易需要繳交的保證金都低於10％，也就是說買進100萬元的期貨，只需要10萬元即可，投資槓桿的效應相當大。但是一旦投資人錯估期貨價格走勢，其投資虧損的數字也同樣以槓桿倍數激增，投資人不可不察。

2 契約期限風險

期貨是一種約定買賣的契約，所以期貨和其他投資工具不同的地方在於它有固定的期限，一旦契約時間到期，不論投資人願不願意或是否做好準備，期貨都必須到期結算。投資基金或股票則沒有限期買賣的規定，投資人買進後可以在最有利時點賣出。

Learning Map

3 匯率風險

如果你投資的是以美元（或其他國際貨幣）計價的期貨，你都無可避免要面臨匯率變動的投資風險。所以當你決定投資海外期貨交易時，必須先行評估短期間此期貨計價幣別的匯率走向，以免因為此幣別貶值而損失投資期貨的報酬收益。

4 交易風險

依照期貨交易規定：期貨投資人下單時，都必須透過期貨商下單，與期貨交易所的電腦撮合，才能完成整個期貨的買賣。這使得投資人必須面臨來自期貨商、期貨交易所帶來的雙重交易風險。

例如大部分的期貨契約都明定期貨交易所可以依據市場情況，變更契約內容及交易條件，投資人必須完全配合；又如財務不良的期貨商可能因為期貨市場行情的巨幅波動而倒閉，或素質不良的營業員挪用客戶資金。

Learning Map

投資期貨如何為你賺錢？

　　雖然股票及基金市場仍然是大部分投資人的最愛，但是近年來在政府大力宣傳，以及投資人廣泛接觸新的投資資訊之下，投資期貨的投資人已越來越多。以下我們就來看看到底期貨如何為我們賺到錢。

投資期貨的3項利得

1 增值利得

期貨嚴格說來雖然是一份契約，而不是真正的商品，但是繳了保證金的期貨仍然代表你具有這個標的物的價格權利。所以如果這個標的物的價格上漲，你當然可以像擁有股票一樣，賺得這個標的物價格上漲的增值利得。

買1000桶原油期貨

原油價格上漲

期貨投資人賺錢

D　　　　　　　　　　E　　　　　　　　　　F

2 避險利得

做進出口加工的企業為了取得穩定價格的原料，以期貨做為避險的工具，一旦原料價格產生波動，就可以為此企業減少因原料價格波動所產生的損失，進而賺得避險的利得。

棉花加工廠買10萬噸棉花期貨

棉花價格飛漲

加工廠取得未漲價前的
棉花原料，節省不少成本

3 與現貨套利的利得

當現貨價格與期貨價格兩者出現價差（即不同價格）時，投資人可以採取套利的方式，賺取現貨與期貨價格的價差。例如前面所述甲買大年初一機票的例子，當甲察覺「機位期貨」已經漲到6000元時，甲就透過期貨市場賣出「機位期貨」（也就是找到想買大年初一機票的乙，告知可以用6000元的價格賣給乙），再買進「機位現貨」，就賺得兩者套利的利得。

**期貨價格上漲
現貨價格不變**

因為供不應求，機位期貨上漲至一位6000元

**出現
套利
空間**

**放空期貨
買進現貨**

甲找到想買大年初一機票的乙，告知可以用6000元的價格賣給乙，甲到航空公司排隊買到5000元的機票賣給乙

**賺得期貨套利的
利得**

甲把機票交給乙，乙給甲6000元的機票錢。甲馬上賺得1000元

 期貨與現貨的套利做法，有點類似「黃牛」的做法。門票、機票或車票黃牛先以人海排隊的戰術買進大量的票位，等到市場缺貨時，再以較高的價格出售，賺得套利的利潤。

期貨市場如何運作？

　　期貨市場的運作情形和股市比起來單純許多，原因是它不能融資融券、投信機構也不能投資期貨，因此期貨市場主要的成員是由投資人、證期會、期貨商和期貨交易所相互運作而成。

期貨市場的運作關聯

投資人

專營期貨交易商

兼營期貨交易商

台灣期貨交易所主機撮合

管理、監督

證券暨期貨管理委員會

Learning Map

1 投資人

投資人是期貨市場主要的交易者，尤其近年來在政府大力發展期貨交易市場之下，投資人數成長地相當快速。

2 專營期貨交易商

指專門買賣、投資期貨的交易商，除了可以接受投資人的開戶、下單等期貨交易之外，專營期貨交易商也以公司自有的資金投入期貨市場中，性質類似股市中的證券自營部門。

3 兼營期貨交易商

指內部具有兼營期貨資格的證券商。他們平時以股票證券的買賣、投資為主要業務，但因具有證期會核發的合法期貨交易執照，所以也能接受期貨投資人的開戶、下單等期貨交易。

4 證期會

證期會的全名是「證券暨期貨管理委員會」，它是管理、監督期貨市場的官方機構，隸屬於財政部。所有在期貨市場中交易的期貨商品，都要經過證期會的審核通過。

根據期交所的統計，國內的期貨開戶數已經突破50萬戶，每天的成交口數則已接近十萬口。

5 期貨交易所

台灣期貨交易所由銀行、期貨商及部分證券商、民間企業機構共同出資而成，主要功能是撮合來自期貨商接受投資人所下的期貨買單或賣單。期貨交易所扮演的角色還包括設計、開發期貨市場的商品，承擔期貨市場的結算、交割、履約等責任。

D　　　　　　　E　　　　　　　F

期貨有哪些種類？

　　期貨商品的種類繁多，幾乎和生活息息相關的物品，都可以成為期貨交易的商品。期貨市場大致可以把這些期貨分為商品期貨（commodity futures）及金融期貨（financial futures）兩大類，常見的期貨契約如下：

商品期貨

這一類的契約標的以傳統的大宗物資為主，這也是期貨市場最早發展的期貨標的。

1 農業期貨

人類最早的期貨商品就是農業產品，農業期貨契約的種類很多，包括黃豆、棉花、及各類穀物等。

2 金屬期貨

這一類的期貨商品都是以金屬物品為標的，金屬期貨依據商品的價值及稀有性又可分為貴金屬期貨（例如白金、銀、黃金），以及基本金屬期貨（例如銅、鋁）兩種期貨契約。

Investing Basics　投資工具入門學習地圖

金融期貨

金融期貨比商品期貨晚好幾百年，但是憑藉全球投資環境的興盛，金融期貨發展卻相當快速，現在已經是期貨交易市場中最大交易量的契約種類。常見的金融期貨契約如下：

1 股價指數期貨

由美國期貨市場率先推出的股價指數期貨，是近幾年來全球最熱門的金融期貨商品。股價指數期貨主要是以某地的股市指數升降做為期貨交易標的，目前較具知名的有美國的S＆P500、道瓊指數期貨，日本的Nikkei 225期貨。台灣期交所也推出台灣加權股價指數期貨、電子類股股價指數期貨、金融類股股價指數期貨等產品。

 一般而言，股價指數期貨不需要實際交割指數包含的股票，而是在到期日以現金為交割標的物，金額根據現貨市場股價指數的市值而定。

2 外匯期貨

外匯期貨契約類似銀行經辦的遠期外匯市場，主要以外幣的匯率升貶做為期貨交易的標的。市場上交易較為熱絡的外匯期貨標的包括美元、英鎊、加幣、歐元、日圓等。

3 短期利率期貨

主要以短期利率的升降做為期貨交易的標的。市場上最常見的短期利率期貨包括歐元期貨契約（Eurodollar Futures Contract）、美國國庫券期貨契約（T-bill Futures Contract）。

4 長期利率期貨

主要以長期利率的升降做為期貨交易的標的。市場上最常見的長期利率期貨包括以美國中期公債期貨、長期公債為商品標的的期貨契約。

D   E   F

什麼人應該投資期貨？

　　期貨是兼具投資與避險功能的投資工具，所以非常適合經常進行投資行為的人使用。此外，一些實際經營進出口商品的貿易商或企業，也應該透過期貨為自己的生意往來做避險措施。

適合投資期貨者

1 有大筆資金投資在股市的投資人

現在的金融期貨商品相當多，除了常見的指數期貨之外，未來也將有代表個股組合型的金融期貨。如此一來，對於有大筆資金投資在個股的股市投資人就應該多多投資這一類的期貨，以便在現股與期貨之間，做好投資避險的措施，才能有效地分散風險。

2 對投資環境敏感度高的投資客

如果你是股市老手、如果你在投資領域中，經常能夠保持獲利的狀況，表示你的投資敏感度以及投資IQ都相當高，非常適合期貨這種高投資、高報酬的投資工具，如果小心、嚴謹地投資期貨，一定可以從中獲得比股市、基金等更多的投資報酬。

Investing Basics 投資工具入門學習地圖

Learning Map

3 經營原物料貿易的企業主

害怕原物料行情大幅波動，或需要掌握原物料價格的進出口貿易商，應該好好地研究或投資商品期貨。一方面可以培養自己對商場上行情變化的敏感度，以便即時對經營環境做出最有利的因應措施；另一方面也可以避免公司受到原物料價格巨幅波動所產生的經營風險。

4 想要以小搏大的投機客

如果你想在短時間撈一大票、或以小搏大的投機客，不論你是多金的大企業家、失業的單身漢、苦命的雙薪家庭或是茫茫的上班族，期貨具有高倍數槓桿投資效應，可以為你一圓「以小搏大」的美夢。

你只要繳交一小部分保證金，就可以操作倍數保證金的資本效益，但是要注意的是「願賭服輸」，想投機賺大錢就要有投機賠大錢的心理準備。

D   E   F

如何跨出投資期貨的第一步？

　　投資期貨能夠以小搏大，但是投資風險卻又如此高，必定是難度極高的投資工具？其實不然，只要你遵守以下的投資步驟，做好投資前的準備工作、好好充實自我的投資知識，投資期貨絕對不如你想像中困難。

投資期貨step by step

1 ▶▶▶▶ 選擇期貨交易商及營業員

2 ▶▶▶▶ 親自攜帶印章、身分證、銀行存摺到期貨商處，辦理開戶手續、填寫開戶申請表格

3 ▶▶▶▶ 期貨商送件並審核開戶資格、建立電腦資料

4 ▶▶▶▶ 兩天後，期貨商通知並遞交交易帳戶

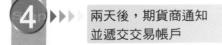

Investing Basics　投資工具入門學習地圖

LEARNING SIR

Learning Map

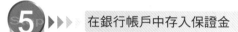

5 ▶▶▶ 在銀行帳戶中存入保證金

6 ▶▶▶ 投資人當面或以電話向營業員下單，
告知數量、月份、契約名稱、價格

7 ▶▶▶ 營業員確認保證金無誤，
接受下單並連線至期交所

8 ▶▶▶ 期交所電腦撮合完成，並回報期貨交易商

9 ▶▶▶ 營業員告知投資人是否成交

投資期貨有什麼訣竅？

　　投資期貨致勝的方法其實與短線投資股票獲利的方法大同小異。兩者之所以沒有太大的差別，主要原因是期貨是一種避險、賺價差的投資工具，絕對不是長期投資就能獲利的工具，所以投資人必須秉持短線投資的心態，例如設立停損、順勢加碼等策略，就能掌握投資期貨賺錢的訣竅。

投資期貨的訣竅

1 嚴設停損點

在期貨市場中，設立停損點絕對不能只是空談，而且一定要嚴格執行。理由是期貨的投資槓桿倍數高，而且有期限一到就強制結算的規定，一旦投資人因為投資期貨虧損、或已到停損點而不去理會它，最初繳入的保證金將被期貨商沒收，做為清償結算期貨交易的資金，有時還得補繳保證金的差額。

設停損點vs.未設停損點

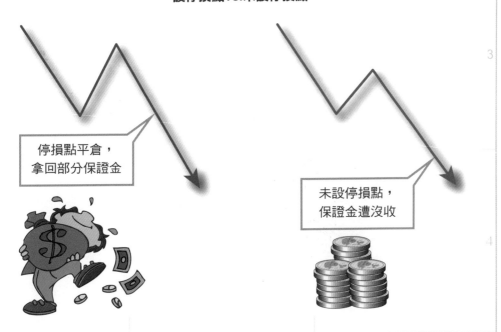

停損點平倉，
拿回部分保證金

未設停損點，
保證金遭沒收

2 和市場站在同一邊

在股票市場中,許多投資專家都建議投資人採取「反市場操作」心態,見高點賣出股票、見低點則開始分批買進股票,但是期貨市場似乎不適合這項投資方式。

理由是期貨是高財務槓桿的投資工具,行情只要微幅震盪,投資者的輸贏可能就達到數萬至數十萬元、甚至百萬元,如果採取「價格上漲布局空單、價格下跌布局多單」的反市場操作手法,在不見底部(或頭部)在哪裡的情形下,馬上會因虧損金額超過保證金而輸光所有資本。只有做到「別和市場作對」的法則,才符合期貨的投資特性。

和市場站在同邊vs.反市場操作

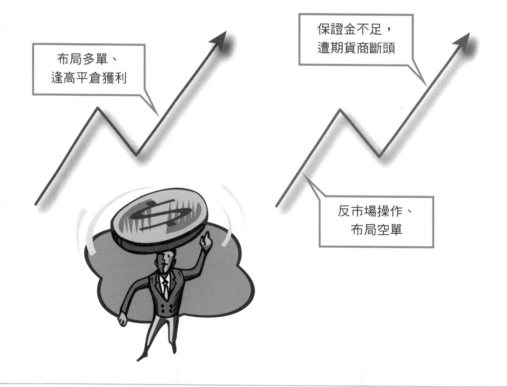

布局多單、
逢高平倉獲利

保證金不足,
遭期貨商斷頭

反市場操作、
布局空單

D   E   F

3 順勢加碼1至2次

投資期貨時必須「和市場站在同一邊」，但是要懂得在「自我設限」的條件下「順勢加碼」。例如投資期貨前，先衡量自己的投資性格及財務風險承受狀況，以便自我限制每周只投資操作2至3次。

當期貨行情出現大好或大壞的趨勢、且本周初次操作也因此獲利時，投資人可以順勢再加碼1至2次，即可多賺趨勢之利又兼顧加碼投資的風險。

加碼設限vs.加碼不設限

順勢加碼二次、
獲利即平倉了結

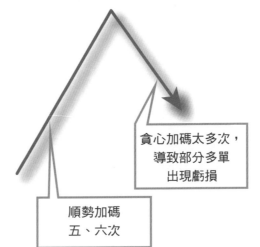

順勢加碼
五、六次

貪心加碼太多次，
導致部分多單
出現虧損

Investing Basics 投資工具入門學習地圖

哪裡可以找到相關資訊？

期貨交易的行情瞬息萬變，如何快速掌握相關影響因素的資訊以及期貨行情即時資訊，成為投資期貨賺錢的不二法門。尤其商品及金融期貨交易遍及全球，幾乎24小時都有重要的期貨市場正在交易，彼此也會相互影響行情，因此投資人必須多多利用網際網路快速、便捷的資訊管道。

蒐集期貨資訊的管道

WWW.... 網站

美聯社
www.ap.org
即時行情報價、國際重大即時新聞、投資行情分析

彭博資訊
www.bloomberg.com
即時行情報價、國際重大即時新聞、投資行情分析

路透社
www.reuters.com
即時行情報價、國際重大即時新聞、投資行情分析

世華期貨商
www.seaward.com.tw
期貨商品介紹、行情報價、投資行情分析、電子線上下單

寶來期貨商
futures.polaris.com.tw
網路下單，期貨教室，期貨商品，研究報告，新聞行情

中信期貨商
www.kgifutures.com.tw
每日提供最詳盡的國內外期貨商品市場分析評論及策略建議，並有期貨避險等

鉅亨網
www.cnyes.com.tw
期貨行情、投資分析、國內外財經新聞

Cmoney888
www.cmoney888.com.tw
期貨行情、投資分析、國內外財經新聞

D   E   F

Investing Basics 投資工具入門學習地圖

網 站

中央社商情網
www.cnabc.com.tw
期貨行情、投資分析、國內外財經新聞

台灣期貨交易所
www.taifex.com.tw
提供期貨商品交易、交易結算制度及法令規章、統計資料

證券暨期貨管理委員會
www.sfc.gov.tw
期貨投資規章、期貨市場現況、法令規定、部門簡介、投資人申訴

證券暨期貨發展基金會
www.sfi.org.tw
期貨市場發展現況、投資建議及教學、投資人申訴

台北市期貨商業同業公會
www.futures.org.tw
期貨市場發展現況、投資建議及教學、會員狀況

media....

媒 體

經濟日報
國際原料及金融期貨行情表、國際間重大財經新聞

工商時報
國際原料及金融期貨行情表、國際間重大財經新聞

學習地圖

8

標準殺青法

劃富管理

響業循環

經濟指標

IPO

道瓊指數

台北金融信報

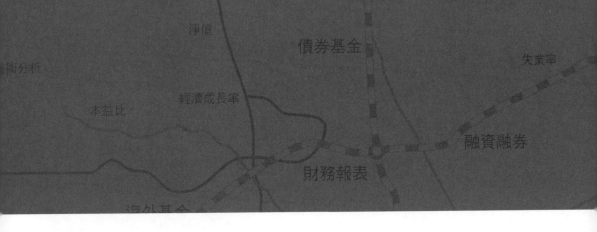

投資選擇權

選擇權的投資在國內雖然還未風行，但已漸漸受到矚目，是投資工具中的明日之星。因此想了解投資、進行投資的人，一定要認識選擇權，以便掌握獲利契機，比別人早一步投資獲利。

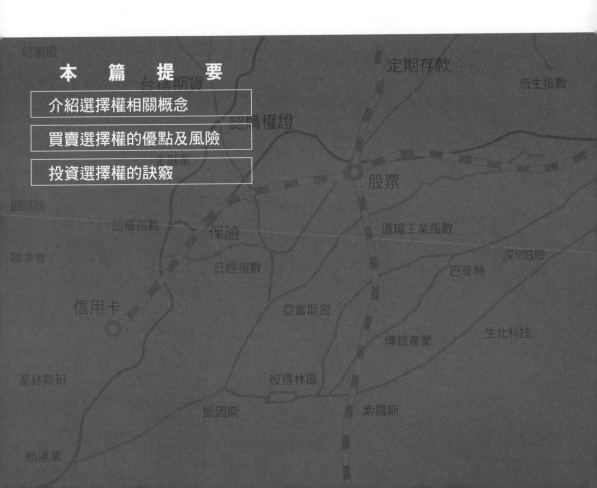

本　篇　提　要

- 介紹選擇權相關概念
- 買賣選擇權的優點及風險
- 投資選擇權的訣竅

選擇權是什麼東西？

　　從字面上解釋，選擇權就是一種任由投資人選擇「買進、賣出權利」的投資方式。這個權利因買方（就是買賣合約的提出者）看好未來股價上漲或看壞未來股價下跌的不同，而分為「買權」、「賣權」兩種。

　　從以下的圖解，你就能清楚地知道什麼是買進買權、賣出買權及買進賣權、賣出賣權：

買權（call）

買權就是買方看好股價後勢。以下圖解什麼是「買進買權」？「賣出買權」？

南亞股價38元

甲（買權買方）
認為南亞股價會漲

乙（買權賣方）
認為南亞股價不會漲

甲約乙在一個月後，
不論南亞多少錢，
都要以每股40元的
價格交易南亞的股票

嘿嘿！只要一個月後，南亞股價漲到50元，我就賺進50-40=10元了

嘿嘿！只要一個月後，南亞股價不到40元，我就可以沒收甲的權利金了

甲付了一些訂金（即權利金）之後，預約得到「一個月後，以40元買進南亞」的權利

買進買權（buy call）
甲買進這種享有「一個月後，要以特定的價格（稱為履約價格）買南亞股票」的權利，就是「買進買權」。

乙收到甲的權利金之後，就要負起履約的義務。

賣出買權（sell call）
乙是賣掉「一個月後，要以特定的價格買南亞股票」這項權利的人，就是「賣出買權」。

Learning Map

選擇權權利金的單位為「點」，期交所規定：台指選擇權1點為50元、股票選擇權1點為1000元。

賣權（put）

賣權就是買方看壞股價後勢。從以下的圖解，我們再來看看什麼是「買進賣權」？「賣出賣權」？

南亞股價38元

A（賣權買方）
認為南亞股價會跌

B（賣權賣方）
認為南亞股價不會跌

A約B在一個月後，
不論南亞多少錢，
都要以每股36元的
價格交易南亞的股票

嘿嘿！只要一個月後，南亞股價跌到30元，我就賺進36-30=6元了

嘿嘿！只要一個月後，南亞股價漲過36元，我就可以沒收A的權利金了

A付了一些訂金（即權利金）之後，預約得到「一個月後，以36元賣出南亞」的權利

買進賣權（buy put）
A買進這種享有「一個月後，要以特定的價格賣出南亞股票」的權利，就是「買進賣權」。

B收到A的權利金之後，就要負起履約的義務。

賣出賣權（sell put）
B則是賣掉「一個月後，要以特定的價格賣出南亞股票」這項權利的人，就是「賣出賣權」。

選擇權的交易者

從上面的兩個例子可以看出：選擇權也是期貨交易的一種，它是一種交易者在未來獲得以約定價格（履約價）買進或賣出標的物所約定的契約。投資雙方以權利金的高低，來衡量選擇權是否具有價值。

1 買方

買入選擇權的人（例子中的甲、A）支付權利金之後，在未來到期日（或之前），可以主動向賣出選擇權的人（例子中的乙、B），以約定價格（例子中的40元、36元履約價）出售或購買一定數量的標的物（例子中的南亞股票）。

2 賣方

賣出選擇權的人（例子中的乙、B）收取甲、A的權利金之後，在未來的到期日（或之前），就要以約定價格（例子中的40元、36元履約價）出售或購買一定數量的標的物（例子中的南亞股票）。

甲與A的權利金可以在到期日前，隨時轉手給別人。而權利金價值會隨著標的物股價的波動、到期日的接近、別的投資人願意接手而產生像股價般的波動，所以投資選擇權的人也可以不必等到到期日時才履約獲利，只要權利金有賺頭，也可以隨時獲利了結。

投資選擇權的好處與風險

投資選擇權時，只要負擔少少的權利金，卻可以享有和投資現股一樣股價波動的價差利潤，但是必須注意4大風險。

投資選擇權的好處

1 窮人也能投資

目前股票選擇權的權利金只要支付數千元，就可以參與選擇權的投資。比起想賺股票價差的投資人而言，必須拿出數萬元來買股票，選擇權是一個沒錢人也能投資賺錢的金融商品。

2 投資槓桿效應大

投資選擇權的人只要花個少少的數千元買權利金，就可以賺取選擇權標的個股的股價價差，這種「以小搏大」的槓桿效益，明顯比投資現股或是融資買進股票要高，能為投資人在短時間內賺進大錢。

哪些股票可以被列為股票選擇權的標的個股？

　　每隔一季，期貨交易所都會公佈可被列為股票選擇權的標的上市股票，這些個股大致上必須符合以下全部條件：

1.股票市值達250億元以上。
2.股東人數最少一萬人。
3.最近三個月的月平均交易量達一億股以上者。
4.最近一期經會計師查核的財報無累積虧損者。
5.最近三個月過半數的交易日中，股價的收盤價不低於10元者。
6.最近三個月內，股票不曾被證交所處以停止買賣的處罰者。

Learning Map

3 提供避險管道

花錢投資選擇權的概念，就像在為自己的股票買個「保險」。例如案例中的甲，當他以38元融券放空南亞之後，擔心萬一南亞股價反而上漲到40元時，該如何減少自己的損失呢？此時甲就可以如案例所做的，買進南亞的選擇權買權。

一旦南亞股價真的漲破40元，甲的融券放空雖然賠錢，但是選擇權的投資卻為他賺了錢，發揮了選擇權避險的功能。

4 稅負較低

現行法令規定：投資人在到期日結算交割選擇權時，必須繳交期貨交易稅給政府，但是稅率只有萬分之2.5，比起賣出股票時所繳納的0.3%證券交易稅率，投資選擇權的稅負金額減輕不少。

5 風險有限、獲利無窮

記得每個投資專家都告誡股票投資人：買賣股票一定要設立停損點。但是投資選擇權卻是一個不必設立停損點、損失有限，獲利卻可能無窮的投資工具。拿案例中的甲來說，如果南亞的股價一個月後不漲反跌（低於40元），乙就可以沒收甲的權利金，所以甲最多就是損失幾千元的權利金。

但是如果一個月後，南亞的股價大漲到60元，甲反而可以拿到2萬元〔（60－40）×1000股〕的獲利。

投資選擇權的風險

選擇權和期貨一樣，都是有時效性、高倍數投資槓桿的金融商品，可以賺進大把鈔票，當然也會賠掉不少本錢。因此投資人準備介入前，一定要先了解以下各項風險：

1 投資認知風險

很多投資人把投資股票的方式或觀念（例如賠錢就長期投資、逢低加碼），套在投資選擇權上，或是學習不足就貿然投資選擇權，這些都是相當危險的行為。因為選擇權和股票是完全不同的投資工具，再加上選擇權的操作遠較股票複雜，如果沒有十足的認知，千萬不可隨便投入！

2 流通風險

目前選擇權對投資人而言還是屬於新興的投資工具，雖然民眾的接受度已經逐漸提高，但是和股票的交易量相比，還是相差太大。選擇權投資人現階段要注意交易流通量可能不足的風險。

期交所在90年12月24日正式推出「台股指數選擇權」，92年1月再推出「股票選擇權」，股票標的則為台積電、聯電、富邦金控、中鋼、南亞等五支。每天平均的成交量則約有1000～2000口左右。

③ 賣方仍有無限風險

買方買進選擇權，一旦行情不如預期，最多只會賠光權利金，但是相對賣方必須負擔履約給買方的責任，履約價與標的物市價相差越大，虧損的金額越大。所以當你有意做選擇權的賣方時，一定要了解賣方的虧損風險。

④ 履約日期風險

股票、基金沒有時效性限制，投資人可以長期投資它，直到翻本為止。但是選擇權有約定到期的日期，所以履約日期一到，你都必須結算所投資的選擇權，無形中增加了不少投資壓力。

例如你在2月時買進3月分以中鋼為標的的買權，期交所規定這份選擇權契約的最後交易日（即結算日）為約定月分第三個星期三。這個結算日一到，你就得履約、交割，不能像股票一樣無限期擺著。

D   E   F

投資選擇權如何為你賺錢?

  選擇權是從股票或股價指數所衍生出來的投資工具,所以它不是實體的商品,自然沒有配股、配息的利得,但是因為它特殊的投資及避險特性,所以可以為你賺取以下兩種投資利得:

投資選擇權的兩項利得

1 權利金上漲的利得

選擇權權利金可以在到期日前,隨時轉手給別人。而權利金價值會隨著標的物股價的波動、到期日的接近、別的投資人接手而產生像股價般的波動,進而使投資人賺到權利金上漲的利得。

2 履約選擇權的利得

如果選擇權到期,選擇權標的股的股價走勢與你當初的預估相同時,投資人就能獲得選擇權到期結算「收盤價和標的物市價」的價差利得。

以丙買進賣權為例:丙看壞南亞的股價後勢,所以買進南亞選擇權賣權,履約價為40元。
到期日結算時,南亞股價為35元,丙要履約這項選擇權賣權,從股市中買進3.5萬元的南亞股票一張,交割給期交所,可以取得4萬元股款。丙就賺到了「履約價一標的物市價」的價差利得。

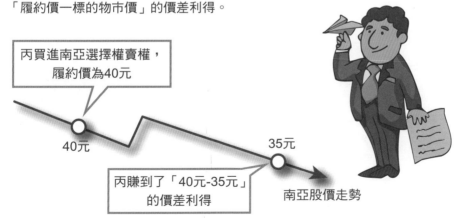

丙買進南亞選擇權賣權,
履約價為40元

40元

35元

丙賺到了「40元-35元」
的價差利得

南亞股價走勢

8

A　　　　　　　　　　B　　　　　　　　　　C

Learning Map

選擇權市場如何運作？

選擇權在國內發展的時間還不太長，很多投資人對市場的運作還不清楚。不過，如果你想從選擇權中獲利，一定要充分了解選擇權市場的運作。

選擇權交易市場運作圖

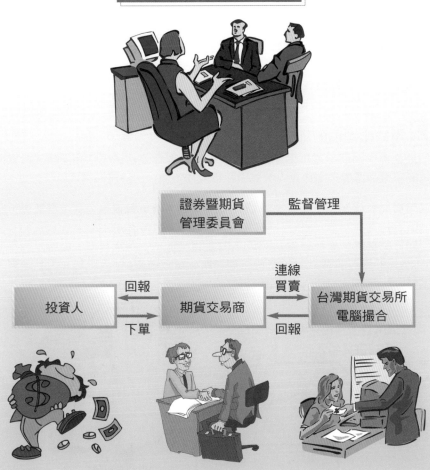

證券暨期貨管理委員會　——監督管理——

投資人　←回報─　期貨交易商　─連線買賣→　台灣期貨交易所電腦撮合
　　　　　─下單→　　　　　　　←回報─

D　　　　　　　E　　　　　　　　F

1 投資人

投資選擇權的投資人相當
多，買方有單純的投機
客，有避險需求者及個
人戶；而賣方角色常由
市場大型期貨業者扮演，
他們為了市場交易活絡，
也會以造市者的身分創造相當
的需求。

2 期貨交易商

指專門接受買賣、投
資期貨的交易商，除
了可以接受投資人的
開戶、下單等期貨交
易之外，期貨交易商也會
以公司自有的資金投資選
擇權。

3 期貨交易所

期貨交易所主要功能是撮合期
貨交易商受託的選擇權買單或賣單。另
外，選擇權的遊戲規則、標的個股也是期交所制
定、公布的。

4 證券暨期貨管理委員會

證券暨期貨管理委員會簡稱「證期會」，它是管理、監督選擇權市場的官方機
構，一切選擇權交易的制度都還要經過證期會的審議通過。

Investing Basics　投資工具入門學習地圖

8

A　　　　　　B　　　　　　C

選擇權有哪些種類？

選擇權依據標的物的類別、履約時間的差異、買方看漲或看跌的不同、履約價和標的市價的高低，而產生以下不同的分類與名詞，投資選擇權時，一定要先把分類及名詞搞清楚，操作起來才能得心應手：

依買方看漲或看跌區分

1 買權
看好未來標的股價的後勢，所訂定做多此標的股的選擇權。

2 賣權
看壞未來標的股價的後勢，所訂定做空此標的股的選擇權。

依履約標的物區分

1 指數選擇權
以股價指數的漲跌，做為選擇權履約標的的選擇權。例如美國有道瓊指數選擇權、台灣則有台股指數選擇權。

2 股票選擇權
以股票股價的漲跌，做為選擇權履約標的的選擇權。例如美國有英特爾（INTEL）選擇權、台灣則有台積電選擇權。

依履約時間區分

1 美式選擇權
買方在選擇權到期日前的任何一天，都可以向賣方要求履行契約。

2 歐式選擇權
買方在選擇權到期日以前，都不能向賣方要求履行契約。

Learning Map

國內目前選擇權交易都是採用歐式選擇權，雖然投資人在選擇權到期日以前，都不能要求履行契約，但是可以在交易市場中，自由買賣選擇權。

依履約價和標的市價區分

1 價內選擇權

買權：履約價<標的物市價
以聯電的選擇權為例，當聯電的股價為23元時，履約價為20元的
聯電買權，就被稱之為「價內選擇權買權」
賣權：履約價>標的物市價
當聯電的股價為23元時，履約價為25元的聯電賣權，
就被稱之為「價內選擇權賣權」。

> 當營業員和你聊天說：「最近市場上價內選擇權交易比較熱絡」時，你要聽得懂他說的意思。

2 價平選擇權

買權：履約價=標的物市價
賣權：履約價=標的物市價
以富邦金的選擇權為例，當富邦金的股價為20元時，履約價為20元的富邦金
買權及賣權，都被稱之為「價平選擇權」。

3 價外選擇權

買權：履約價>標的物市價
以台積電的選擇權為例，當台積電的股價為40元時，履約價為43元的台積電
買權，就被稱之為「價外選擇權買權」。
賣權：履約價<標的物市價
當台積電的股價為43元時，履約價為40元的台積電賣權，就被稱之為「價外
選擇權賣權」。

Investing Basics　投資工具入門學習地圖

什麼人應該投資選擇權？

　　選擇權在歐美各國早已行之多年，而且深受投資人歡迎，但是對於國內的投資人而言，仍然屬於全新且陌生的投資工具，不過只要你是下列人士，都應該勇於嘗試投資選擇權。

適合投資選擇權者

1 缺乏停損觀念的投資人

花錢投資選擇權的概念，就像在為自己的股票買個「保險」，所以買保險的人最多只是損失保險費。它可以為股票投資者自動控制最大的虧損金額，買方如果看錯行情，最多損少先前支付的權利金，不會像買股票那樣，遇到股價腰斬時，一下子就損失好幾萬元。

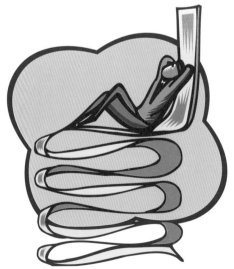

2 只賺價差的投機客

選擇權是依附股票所衍生出來的投資工具，說穿了就是玩股價上漲或下跌的遊戲，所以對只賺股價價差的投機客而言，這種具有以小搏大的投資效益、又有避險功能的金融商品，是不錯的投資工具。

3 大量用融券放空的股票投資者

想用融券放空、又怕股價不跌反漲的人，最好多多運用選擇權。因為你只要花少少的錢就能為你的「融券放空標的」買個保險，就算股價上漲造成融券放空賠錢，也能從選擇權中獲利，降低放空的損失。

例如當你以38元融券放空南亞之後，擔心萬一南亞股價反而上漲到42元時，該如何減少自己的損失呢？此時你就可以買進履約價40元的南亞選擇權買權。

一旦南亞股價真的漲到42元，你的融券放空雖然賠錢（42-38=4元），但是選擇權的投資卻可以為你賺錢（42-40=2元），降低放空南亞的損失（4-2=2元）。

4 股市新鮮人

股市新手共同的特點就是沒錢、沒經驗、追高殺低、不會設停損、停利點，選擇權則是可以提供他們小錢就能投資、不必天天看盤、買方最多只虧損權利金、免設停損點、到期履約的好處，選擇權其實頗適合股市新鮮人投資。

南韓在1997年7月推出的KOSPI200指數選擇權交易，短短五年就高居全球交易量榜首，2002年全年交易量為19億口。

Investing Basics

投資工具入門學習地圖

8

如何跨出投資選擇權的第一步？

選擇權其實是全新且複雜度較高的投資工具，但是從開戶、下單到交割，都與投資期貨大同小異，只要跟著以下的步驟走，你也能輕鬆投資上手。

投資選擇權step by step

1 ▶▶▶ 親自攜帶印章、身分證、銀行存摺到期貨商辦理開戶手續、填寫開戶申請表格

2 ▶▶▶ 兩天後、期貨商通知並遞交交易帳戶

3 ▶▶▶ 在銀行帳戶中存入權利金（或保證金）

4 ▶▶▶ 投資人當面或以電話向營業員下單，告知買進或賣出、買權或賣權、數量、月份、履約價格、權利金點數

5 ▶▶▶ 營業員確認保證金無誤，接受下單並連線至期交所

6 ▶▶▶ 期交所電腦撮合完成，並回報期貨交易商

投資選擇權有什麼訣竅？

　　選擇權有買權、又有賣權；有價內、又有價外，很多人想投資都不知從哪裡開始。

　　選擇權這項投資工具看似繁雜其實也可以很簡單，期貨交易所便推出「選擇權交易五式」，就算你不是股市的沙場老手而只是選擇權的初啼新手，只要你依照這五個方式，選擇權一定可以幫你輕鬆獲利。

投資選擇權的訣竅

1 行情看漲，買進買權

如果你看好標的物（例如加權指數）的後勢行情，你就要向營業員下單「買進買權」。

例如2月10日指數3000點，你認為指數在3月會漲到3500點，於是下單買進「3月分履約價格為3000點的台指選擇權買權，權利金為40點」。

Learning Map

2 行情看跌，買進賣權

如果你看壞標的物（例如加權指
數）的後勢行情，你就要向營業
員下單「買進賣權」。

例如2月10日指數3000點，你認
為指數在3月會跌到2500點，於
是下單買進「3月分履約價格為
2500點的台指選擇權賣權，權利
金為40點」。

3 買價外、不買價內選擇權

價外選擇權都是現階段處於未獲利狀態的選擇權，所以權利金較低、買方的
投資成本也較低。以台積電的選擇權為例，當台積電的股價為40元時，履約
價為43元的台積電買權，就被稱之為「價外選擇權」。也就是說這種買權的投

資人必須等到台積電的股價上漲到43元以
上時，才會有機會履約賺錢（例如44元市
價－43元履約價=1元），現階段則是虧錢的
（40元市價－43元履約價=－3元），所以它
的權利金會比較便宜（因為虧錢的選擇權
比較沒有人要）。

另外，價外選擇權一旦因為加權指數大幅
漲跌之後，而變成價內選擇權時，投資人
就能很快享受到權利金上漲的獲利。如前
面的例子，一旦台積電的股價大幅上漲到
46元時，原本虧錢的台積電買權就會變成
賺錢的（46元市價－43元履約價=3元），在
投資人的搶買下，權利金自然快速上漲。

4 多買近月選擇權

「多買近月選擇權」的意思是，請投資人多投資距離現在較近月分的選擇權，而不要買距離現在太遠月分的選擇權。

例如現在是2月分，投資人就要少買4月以後的選擇權契約，理由是4月分的指數表現距離現在的時程還很久，指數的變化還很大，投資人要冒的不確定風險較高。

2月   3月   4月   5月   6月

5 多下買單、少下賣單

當你決定「買進」選擇權時（不論是價內或價外、不論是買權或賣權），一旦行情不如你的預期，你最多只會賠光權利金。

但是如果你決定當選擇權的賣方，你必須負擔日後履約給買方的責任。當履約價與標的物市價相差越大，你的虧損金額就越大。

例如，甲買進「南亞選擇權買權，履約價40元，權利金3點」。乙則是甲的交易對象，乙同時賣出「南亞選擇權買權，履約價40元，權利金3點」。

如果南亞股價在到期日跌到10元，甲最多只會損失3000元的權利金（3×1000）

如果南亞股價在到期日漲到80元，乙最多損失（40－80）×1000+3000（乙收甲的權利金）＝－37000元

賣單   買單

Investing Basics 投資工具入門學習地圖

8

哪裡可以找到相關資訊？

　　想在選擇權的交易市場中獲利，第一要務還是得準確地研判出個股未來的走勢，因此你需要的是個股基本面等相關資訊。另外，選擇權的買賣較為複雜，一般人可以從下列相關教學網站，找到投資選擇權的入門知識：

蒐集選擇權資訊的管道

網站

權證投資網

www.warrantnet.com.tw

選擇權收盤價更新、選擇權介紹、分析與比較、合理價位選擇權推薦

寶來國際金融機場

www.finairport.com.tw

衍生性商品介紹、選擇權行情、選擇權基本資料、選擇權發行動態

選擇權投資網頁

www.taconet.com.tw/oskwu

選擇權行情解析、新手投資要點、選擇權投資教學

台灣期貨交易所

www.taifex.com.tw

選擇權操作教學、選擇權發行資訊、選擇權訊息揭露

證券暨期貨管理委員會

www.sfc.gov.tw

選擇權發行規定、選擇權標的核准名單、審議規章

D   E   F

www.....
網站

世華期貨商
www.seaward.com.tw
選擇權商品介紹、行情報價、投資行情分析、電子線上下單

中信期貨商
www.kgifutures.com. tw
選擇權商品介紹、行情報價、投資行情分析、電子線上下單

寶來期貨商
futures.polaris.com.tw
選擇權商品介紹、行情報價、投資行情分析、電子線上下單

media.....
媒體

經濟日報	工商時報
選擇權收盤行情、選擇權標的個股新聞、行情分析	選擇權收盤行情、選擇權標的個股新聞、行情分析

library.....
圖書館

證券暨期貨專業圖書館	證交所閱覽室
台北市南海路三號9樓	台北市博愛路12號3樓
選擇權標的個股剪報資訊、財務報表	選擇權標的個股剪報資訊、財務報表

Investing Basics 投資工具入門學習地圖

學者地圖

9

投資認購權證

認購權證是什麼？該怎麼投資認購權證？投資認購權證有什麼風險？什麼樣的
人適合投資認購權證？本篇有詳細解說。

本 篇 提 要

介紹認購權證相關概念

買賣認購權證相關細節

投資認購權證的訣竅

Learning Map

認購權證是什麼東西？

　　從字面上解釋，認購權證就是一種「認養、購買」的權利憑證。它的性質有點類似期貨：券商與投資人約定某支個股（權證標的個股）、在某日（到期日）、價格漲至某價格（履約價格）的契約。平時投資人想賺股價上漲的差價時，你必須先買進股票，等待股價上漲之後，再賣出股票賺取獲利。

　　認購權證的道理和上述做法相似。只不過你不必自己出錢買股票，而是由券商提供股票並明訂投資人獲利價位（履約價），你只需要出一點權利金（認購權證的發行價），買下這一項「認養股價上漲」的權利，同樣可以享受賺錢的樂趣。

　　以下面的A股為例，認售權證和認購權證的差別在於當A股股價低於20元時，認售權證的投資人才能獲利。

1 A股股價為15元

2 券商發行A股認購權證明定履約價為20元

認購權證獲利圖解

3 投資人購買此認購權證

4 A股股價上漲並高於20元（超過履約價格）

5 認購權證投資人獲得「現股股價減履約價」的利得

認購權證、認售權證都是由證券公司發行、從股票衍生出來的投資工具，統稱為「認股權證」。

你可以請求發行權證的券商履約時，給你「現股股價減履約價」的價差金額，或是請求券商以每股20元的履約價格，出售給你A股股票。

認購權證的好處與風險

　　認購權證的發行價格普遍只有標的個股股價的四分之一左右，但是權證代表的價格意義卻和現股一樣，所以投資認購權證具有避險、以小搏大等優點，但是投資風險相對也較高，投資人不可不察。

投資認購權證的好處

1 窮人也能投資

認購權證號稱是一種「窮人也能玩」的投資工具，理由是券商為了增加投資大眾的購買意願、提高避險功能，大都把認購權證的發行價格訂在標的個股股價的四分之一左右。

因此你也許買不起一張4萬元的台積電股票，做為賺價差的籌碼，但是你一定買得起1萬元的台積電認購權證，同樣能讓你賺取價差。

問 券商如何選擇發行權證的標的個股？

　　每隔一季，證交所都會公布可供券商發行認購權證的上市股票，這些個股大致上必須符合以下三項條件：
- 股票市值達150億元以上。
- 股東人數最少1萬人。
- 股票週轉率在20％以上。

證券商再依據證交所公布的股票中，挑選股價具有上漲潛力、可吸引投資者購買的發行標的。

2 投資槓桿效應大

用較少的金錢就能投資認購權證，賺取權證標的個股的股價價差，這種「以小搏大」的投資槓桿效益當然比投資現股大，很適合投機性格強的投資人運用此工具。

3 提供避險管道

股價上漲可以讓人賺到認購權證的錢。所以當投資人看空某支個股股價後勢，但是股價卻反而大漲時，事前花小錢布局認購權證，就可以減輕看錯行情造成的損失，可見認購權證確實是不錯的避險工具。

4 稅負較低

現行法令規定：投資人賣出認購權證時，必須繳交證券交易稅給政府，但是稅率只有0.1%（認購權證證交稅＝賣出金額×0.1%），比起賣出股票時所繳納的證交稅（賣出金額×0.3%），稅負減輕許多。

投資認購權證的風險

　　認購權證和期貨一樣，都是有時效性、花小錢就能賺大錢的投資工具，貿然操作的風險不小。因此投資人準備介入前，一定要先了解以下各項風險。

1 履約價格風險

投資人能不能賺錢，完全要看認購權證的履約價與現股股價的關係。如果認購權證到期日的標的股收盤價低於權證載明的履約價，表示券商不必履行認購權證承諾的事項，所以投資人一毛錢也領不到！

買賣認購權證屬於一種無實體交易，為了減輕履約、買賣交易等風險，認購權證都是以集中市場股票交易帳戶進行買賣，而且全數委託集保公司辦理帳簿劃撥，投資人不能領回認購權證。

2 流通風險

認購權證掛牌交易之後，如果投資人接受度不高、或整體股市下挫影響市場買氣時，這些權證每天的交易量就會急速下降，投資人可能會面臨交易流通不足、買賣有行無市的窘境。

3 投資槓桿風險

認購權證能用較少的資本，就達到賺取權證標的個股的股價價差的目的，這種「以小搏大」的投資槓桿效益相當大，但是同樣地，一旦現股股價大跌且離履約價格很遠時，這種以小搏大多投資槓桿效益，也會在一夕間讓投資人的本錢化為烏有。

尤其認購權證價格的漲跌幅度限制大都高於7％，震盪幅度相當大，投資人應該注意權證的投資風險。

$$認購權證價格的單日最高漲跌幅度 = (\frac{標的股最高上漲、下跌價}{認購權證價}) \times 100\%$$

例如統一23認購權證的標的個股為長榮，92年2月17日統一23的價格為3.6元，而長榮股價最高可上漲1.6元（漲停板時），所以隔天「統一23」認購權證價格的最大漲跌幅度為=1.6元÷3.6元×100％=44.4％

4 履約日期風險

股票沒有時效性限制，只要公司不倒閉，投資人可以長期投資它。但是認購權證是一種具有時效性的權利證書，它有約定到期的時間，以便計算投資人是賺、是賠。所以履約日期一到，不管你是賺錢還是賠錢、不管你願意還是不願意，權證的發行券商都必須結算清償你手中的權證。

這種有時間限制、不同於股票、基金的投資風險，投資人一定要認知清楚！

Investing Basics 投資工具入門學習地圖

投資認購權證如何為你賺錢？

認購權證雖然不是股票，不能享有配股、配息的好處及權利，但是因為它特殊的投資及避險特性，可以為你賺取以下2種投資利得：

投資認購權證的2項利得

1 權證價上漲的利得

認購權證掛牌後的價格與股票價格一樣，都會因為投資人的自由買賣而出現波動。

如果投資人逢低買進某支權證，一旦股票行情上漲，權證價格也會跟著上漲，投資人就能賺到獲利。

2 履約權證的利得

如果認購權證到期日前一天，權證標的股的股價高於權證履約價時，投資人就能獲得權證發行券商給付的「收盤價－履約價」價差利得。

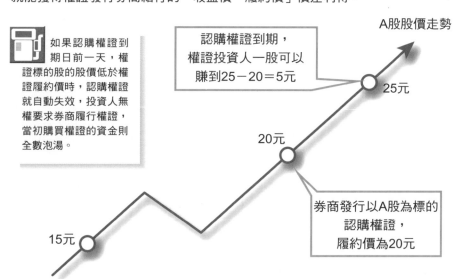

如果認購權證到期日前一天，權證標的股的股價低於權證履約價時，認購權證就自動失效，投資人無權要求券商履行權證，當初購買權證的資金則全數泡湯。

A股股價走勢

認購權證到期，權證投資人一股可以賺到25－20＝5元

25元

20元

券商發行以A股為標的認購權證，履約價為20元

15元

認購權證市場如何運作？

　　認購權證在國內發展的時間還不太長，很多投資人對市場的運作還不清楚。不過，如果你想從認購權證中賺取獲利，一定要先充分了解權證市場的運作。

權證市場的運作

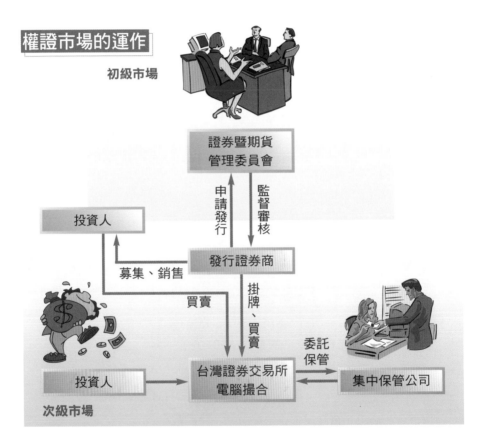

初級市場

證券暨期貨管理委員會

投資人

發行證券商

募集、銷售

買賣

申請發行

監督審核

掛牌、買賣

委託保管

投資人

台灣證券交易所電腦撮合

集中保管公司

次級市場

詞　什麼是認購權證初級市場、次級市場？
　　認購權證的初級市場指的是：證期會核准券商申請發行的認購權證掛牌後，券商向民眾募集、銷售的市場。
　　次級市場指的是：認購權證掛牌後，投資人可以自由買賣交易的市場。

1 投資人

想購買認購權證的投資人，可以在券商募集時便參與投資；或是等到這個認購權證掛牌交易時，到集中市場裡買賣。

2 證券暨期貨管理委員會

簡稱「證期會」，它是管理、監督認購權證市場的官方機構，所有券商想申請發行認購權證之前，都要經過證期會的審議通過才能發行。

3 證券商

證券商是發行認購權證這項投資工具的機構，不僅權證的策劃、發行、銷售、履約都是由證券商負責，證券商為了增加權證掛牌之後的交易活絡市況，也會在交易市場中大舉買賣權證，所以證券商扮演的是認購權證市場的造市者角色。

4 證券交易所

主要的功用就是以電腦撮合來自證券商，以及投資人委託券商所下達的權證買單或賣單，再將成交情形回報給券商或投資人。

5 集中保管公司

認購權證是一種無實體交易的證券，所以投資人買進或賣出權證之後，都會以電腦資料的方式，送存到證券集中保管公司中，以減低實體交割的不便。

9

Learning Map

認購權證有哪些種類？

　　認購權證依據權證標的的多寡、履約價格的變動、履約時間的差異而有以下的分類：

依履約時間分類

認購權證依履約時間的差異，可分為美式認購權證、歐式認購權證兩種。

1 美式認購權證

權證持有人在權證的有效期間內，都有權向發行券商要求執行權證履約，也就是說：權證掛牌後，只要權證標的個股的股價高於權證履約價格時，投資人隨時可以向券商要求給付現股股價與履約價的差價。

2 歐式認購權證

權證持有人在權證到期日以前，都不能向發行券商要求執行權證履約。權證持有人必須在權證到期日時，才能向券商要求給付現股股價與履約價的差價，但是投資人還是可以在次級市場中，自由買賣權證。

D E F

依履約價格變動分類

認購權證依據權證履約價格變動的情形，分為基本型、上限型與重設型認購權證。

1 基本型認購權證

這一類的認購權證履約價格，不會任意隨著權證標的個股股價變動而改變，目前市面上80%的認購權證，都是屬於這一類型的權證。

2 上限型認購權證

這一類的認購權證訂有立即履約的規定：如果權證標的個股的某一天收盤價超過了權證訂定的上限價格時，當天這個認購權證就立刻自動履約，也就是發行券商必須付給權證持有人「上限價格－履約價格」的差價。

價格訂為上限型的權證大都是為了避免現股股價大幅上漲，使券商蒙受太大的損失，類似為券商設立了「停損點」。但是對投資人而言，就像是設定了「停利點」，最高的獲利不會超過「上限價格－履約價格」的差價。

3 重設型認購權證

權證發行一段期間之後，如果標的個股的收盤價低於權證設定的某一個價格時，履約價格就會自動往下調降，一方面可以增加投資人獲利機會，另一方面也能增加投資人購買這一類權證的意願。

重設型的認購權證如果超過了重設履約價的期間，後續的一切履約規定都和基本型權證相同。不過由於這種自動調降履約價的權證，可以增加投資人賺錢的機會，所以發行的價格也會比其他類型的權證高。

依標的個股多寡分類

認購權證依標的個股的多寡，可分為單一型認購權證、組合型認購權證兩種類型。

1 單一型認購權證

權證各項履約條件及對象都只依附單一標的個股的認購權證。例如日盛26權證以華映為單一履約標的個股、倍利06以台化為單一履約標的個股。

2 組合型認購權證

權證各項履約條件及對象，不只依附單一標的個股，而是包含了一個以上的個股組合。

例如元大50組合型認購權證，包含了華航、正新、台塑三種，發行規則中明訂三者的權重比例各是0.3：0.3：0.4，履約價是43.42元。如果履約到期日的（華航股價×0.3）＋（正新股價×0.3）＋（台塑股價×0.4）＞43.42元時，投資人就可贏得券商的履約權利。

華航股價×0.3　正新股價×0.3　台塑股價×0.4

履約到期日的股價　　　＞　　　履約價43.42元　　　⇒　　　投資人贏得券商的履約權利

Learning map

D   E

什麼人該投資認購權證？

認購權證對以股票為主的國內投資人而言，算得上是一種較陌生的投資工具，但是只要你有涉足股市，都應該多少參與認購權證的投資。

適合投資認購權證者

1 資深的股市投資人

認購權證是一種完全依附股票所衍生出來的投資工具，身經百戰的資深股市投資者應該多多接觸這種新的股票衍生投資工具，才能確實明瞭個股股價可能面臨的波動情形，有助於現股的投資操作。

2 以小搏大的投機客

認購權證價格一天內的漲跌幅不只7％，所以只要抓對權證價格的趨勢，你就能賺取遠高於股票的投資報酬。這對於想以小搏大的投機客而言，是極為有用的投資工具，因此千萬不能放棄投資認購權證的機會。

3 常用融券放空的投資者

常在股市中以融券放空賺取股價下跌的投資者，應該多多學習認購權證的投資術，因為認購權證是一種「花小錢賺股價上漲」的投資工具。
一旦他們放空股價卻遇上股價大漲時，認購權證可以減輕放空造成的損失，是不可或缺的避險工具。

4 資金有限又想賺股票差價的人

沒有太多的投資資金，但是又想賺取股票差價的投資人，可以試著選擇投資認購權證。因為券商大都把認購權證的發行價格訂在標的個股股價的四分之一左右，所以沒有太多資金的人只需要花費極少的資本，一樣有機會賺得股價變動的差價。

Investing Basics　投資工具入門學習地圖

1

2

3

4

9

如何跨出投資認購權證的第一步？

　　每一個初次接觸認購權證的投資人，都會以為投資認購權證是極為困難的事。其實認購權證的買賣規定幾乎和股票一模一樣，只要再弄清楚「初級市場」、「次級市場」的涵義，就能輕易投資上手了。

投資認購權證初級市場step by step

1 ▶▶▶ 券商發行認購權證

2 ▶▶▶ 投資人帶身分證、印章到券商

3 ▶▶▶ 填寫申購認購權證相關表格

4 ▶▶▶ 到銀行繳款

5 ▶▶▶ 券商將權證存入你的集保帳戶

6 ▶▶▶ 完成申購手續

D   E   F

投資認購權證次級市場step by step

1 ▶▶▶ 到開戶券商填寫認購權證交易相關表格

2 ▶▶▶ 以電話或當面向營業員下單，告知買進（或賣出）
某支權證、價格、張數

> 在股市中下單買賣認購
> 權證的方式，和買賣股
> 票大同小異，但是不能融資、
> 融券，認購權證也沒有零股交
> 易，每一筆交易都是以千股為
> 基本單位。

3 ▶▶▶ 下單資料傳送到證交所

4 ▶▶▶ 證交所電腦撮合完成

5 ▶▶▶ 成交資料回傳，券商通知投資人成交

6 ▶▶▶ 成交後隔天，券商辦理自動交割

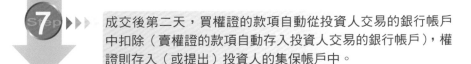

7 ▶▶▶ 成交後第二天，買權證的款項自動從投資人交易的銀行帳戶
中扣除（賣權證的款項自動存入投資人交易的銀行帳戶），權
證則存入（或提出）投資人的集保帳戶中。

9

投資認購權證有什麼訣竅？

　　認購權證屬於股票的衍生性投資工具，投資報酬及投資風險都相當高，因此投資人最好妥善掌握其中的投資訣竅，就能好好運用認購權證的避險功能，並賺取高額的報酬。

投資認購權證的訣竅

1 多參與權證的發行、募集

由於認購權證的主要發行、募集資金是來自券商本身，投資人參與買進的比率普遍不高，因此券商通常會透過市場拉抬現股的方式，壓低認購權證的發行價、拉高權證的掛牌價。如此一來，券商就能賺到這兩者之間的價差。

因此投資人應該多多參與權證的發行、募集，才能如同券商一樣，賺得發行價與掛牌價的價差。

即使是空頭市場，
大部分的權證掛牌價仍然高於發行價格

權證代碼	權證名稱	發行日期	權證發行價格	掛牌參考價	獲利價差
779	元大68	2003/1/10	1.64	1.81	0.17
780	中信15	2003/1/9	1.4	1.6	0.2
781	中信16	2003/1/10	3.8	3.9	0.1
782	元富17	2003/1/13	3.43	3.66	0.23
783	元大69	2003/1/13	0.86	0.79	-0.07
784	倍利05	2003/1/15	2.4	2.45	0.05
785	日盛25	2003/1/10	0.34	0.3	-0.04
786	日盛26	2003/1/14	1.28	1.15	-0.13

Learning Map

Investing Basics　投資工具入門學習地圖

2 蜜月行情後及早賣出

認購權證掛牌之後，在券商的刻意拉抬或投資人新鮮感的追漲之下，也會如同新股票掛牌一樣，出現一小段蜜月行情的機會。但是認購權證終究不是長期投資的工具，而且權證的價格走勢完全依附現股股價的表現，所以這段蜜月期行情不會太久，因此投資人切記在蜜月行情之後及早賣出獲利了結。

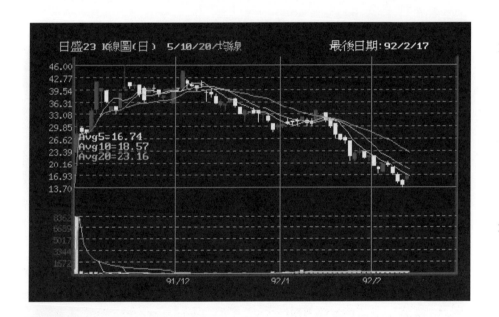

實 例

權證股日盛23在2002年11月1日以每股23.21元掛牌之後，股價立刻展開一段蜜月期，但是漲勢只持續了兩周，權證價格就開始一路下跌，未賣出日盛23的投資人現在都面臨嚴重虧損的地步。

３ 嚴守停損點原則

認購權證具有時效限制，而且是現股股價上漲，認購權證才具有價值。因此在操作心態上一定要摒除傳統投資股票的想法──「沒有賣出就沒有賠錢」或是「套牢後轉為長期投資」的觀念，以免遇到股價長期走空頭，認購權證變成一文不值。

此時「設立停損點」便成為投資權證極為重要的原則，因為唯有認真地執行停損動作，投資的本錢才不會化為烏有。

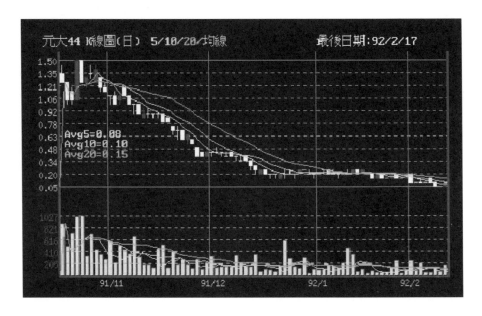

實 例

元大44的價格從91年11月便一路崩跌，成交量也不斷萎縮，顯示投資人紛紛採用「設停損點」方式，出脫手中持股並退場觀望。未設立停損點的投資人損失非常慘重。

美國發生911恐怖攻擊事件之後，使得投資人普遍認為全球經濟將嚴重受挫、股市將因此長期走入空頭，連帶股市中的所有認購權證將因為無法履約，而變成一文不值，因此投資人瘋狂殺出認購權證，造成權證股全部跌停的慘狀。

4 絕對不能逢低加碼

有的專家會建議投資股票、基金時，可以採用「逢低加碼」的操作方式，但是操作認購權證絕對不能採取「逢低加碼」的方式。理由是：萬一權證標的股股價陷入長期盤整局面時，你所購買的認購權證將會消失時間的價值（指認購權證距離履約到期日越來越近），到時候願意投資此權證的投資人將越來越少，你想解套的機會也就越來越渺茫。

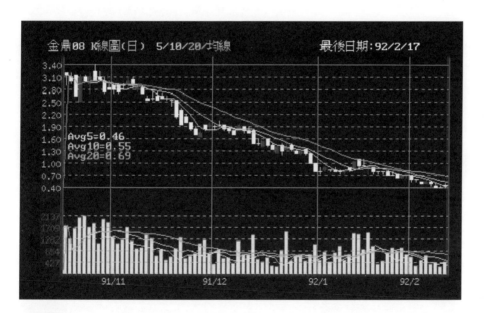

金鼎08 K線圖(日)　5/10/20均線　　　　最後日期：92/2/17

Avg5=0.46
Avg10=0.55
Avg20=0.69

實 例

金鼎08是履約日期在4月28日的認購權證，由於標的股（雅新）股價在2月17日時還遠低權證履約價52.9元甚多，因此隨著履約到期日越來越近，履約的機會越來越渺茫，金鼎08的權證價格已經漸漸逼近壁紙的價格。

9

哪裡可以找到相關資訊？

　　雖然認購權證的買賣方式和股票類似，但是相關履約規定及投資風險仍然需要有充分的認識，才能增加獲利的機會。你可以透過以下的管道，去蒐集認購權證的相關資訊：

蒐集認購權證資訊的管道

網站 www......

權證投資網
www.warrantnet.com.tw
權證收盤價更新、權證介紹、分析與比較、合理價位權證推薦

小散戶投資「知識」網
www.piggytalk.com.tw
認購權證教學、認購權證的風險與避險之道

寶來國際金融機場
www.finairport.com.tw
衍生性商品介紹、認購權證行情、認購權證基本資料、認購權證發行動態

權證投資網頁
www.taconet.com.tw/oskwu
認購權證行情解析、新手投資要點、認購權證投資教學

台灣證券交易所
www.tse.com.tw
認購權證收盤行情、權證發行資訊、權證訊息揭露

證券暨期貨管理委員會
www.sfc.gov.tw
權證發行規定、權證標的核准名單、審議規章

Learning Map

D　　　　　　E　　　　　　F

www....

網 站

中信證券
www.kgieworld.
com.tw
衍生性商品介紹、
認購權證行情、認
購權證基本資料、
認購權證發行動態

倍利證券
www.bisc.com.tw
衍生性商品介紹、認購
權證行情、認購權證基
本資料、認購權證發行
動態

日盛證券
www.jihsun.com.tw
衍生性商品介紹、
認購權證行情、認
購權證基本資料、
認購權證發行動態

富邦證券
www.fbs.com.tw
衍生性商品介紹、認購
權證行情、認購權證基
本資料、認購權證發行
動態

media....

媒 體

經濟日報
權證收盤行情、權證標的個股新
聞、行情分析

工商時報
權證收盤行情、權證標的個股新
聞、行情分析

財訊快報
權證收盤行情、權證標的個股新聞、行情分析

library....

圖書館

證券暨期貨專業圖書館
台北市南海路三號9樓
權證標的個股剪報資訊、財務報表

證交所閱覽室
台北市博愛路12號3樓
權證標的個股剪報資訊、財務報表

1

2

3

4

Investing Basics　投資工具入門學習地圖

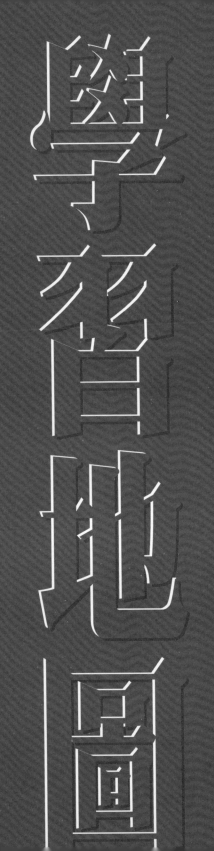

學校街地圖

投資黃金

黃金是大家最熟悉的投資工具，除了投資之外，還有裝飾、美觀的附加價值，因此也是十分受到喜愛的投資工具。只是大多數人都只將黃金都做首飾，沒有好好利用黃金投資。到底黃金要如何投資？投資黃金有風險嗎？如何獲利？細讀本篇，你會重新發現黃金的魅力。

本 篇 提 要

- 介紹黃金相關概念
- 買賣黃金的優點及風險
- 投資黃金的訣竅

黃金是什麼東西？

　　在所有的投資工具中，「黃金」是唯一不必多費唇舌、大家都知道的投資商品。由於具有易於攜帶、供應稀少、耐用、精緻等特性，使得黃金成為全球人類都認同足以做為支付工具的商品。

　　尤其每到戰亂年代、或國家經濟出現動盪情形，黃金具有全球流通的特質，馬上就會取代紙幣的地位，成為民眾爭相搶購的保值商品，以防手中的現金資產一落千丈。

　　目前在股票市場低迷不振、房地產市場也長期走空的情況下，黃金的投資交易讓目前許多資金找到了新的投資管道。尤其美國一再聲明將攻打伊拉克，中東戰事再起，使得黃金價格持續攀高，黃金投資已經再度成為國際金融市場關注的焦點。

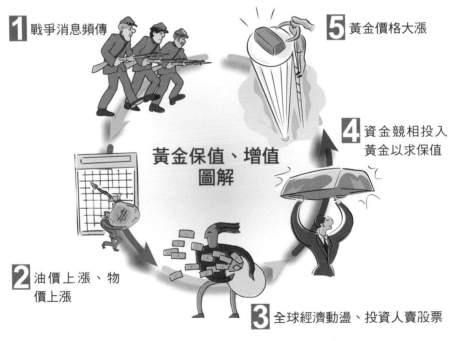

1 戰爭消息頻傳
5 黃金價格大漲
4 資金競相投入黃金以求保值
黃金保值、增值圖解
2 油價上漲、物價上漲
3 全球經濟動盪、投資人賣股票

　　八○年代初期，由於石油危機和美國、伊朗人質事件，使得中東戰爭一觸即發，黃金價格一度創下一盎司887.5美元的歷史天價。

D　　　　　　　　　E　　　　　　　　　F

投資黃金的好處與風險

　　黃金是全球公認最具投資價值的貴金屬商品，這是因為黃金擁有易攜帶、稀有、保值等功用，所以成為全球投資人一致認同的貴金屬投資商品。黃金的價格常常靜止不動，但是一動就波動很大，投資風險跟著增加不少。

投資黃金的好處

1 小錢就能投資

黃金是一種小錢就能投資的賺錢工具，目前一盎司的黃金價格為400多美元，換算成新台幣只要1.5萬元左右。如果是在坊間的銀樓購買金飾，更只需要幾千元即可。

2 具保值效益

金融商品要具備保值功能，必須全球通用、產量稀少、方便戰亂時攜帶等特性。檢視所有的投資工具，只有黃金這種貴重金屬具有這些優點，所以黃金能在通貨膨脹發生時，出現價格持續上漲的增值、保值效益。

3 可收藏、玩賞、裝飾

黃金可以製造成各式各樣的飾品或收藏品，發揮它除了投資增值以外的另一項實用功能。但是其他如股票、期貨、債券都不能成為投資人收藏、玩賞、裝飾的產品。

Learning Map

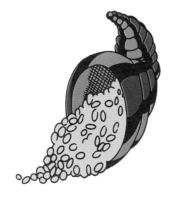

4 具有避險功能

每次全球有戰事發生時，各國的金融市場必定受到連累，而使得各國的股票市場出現大幅下挫的走勢，投資人的資產只能跟著縮水。只有黃金及石油價格會因為戰亂而上漲，但是一般人無法任意買賣石油，所以黃金堪稱人類最佳的投資避險工具。

5 具質押借款功能

如果你在銀行裡購買黃金條塊，選擇領取此黃金的「發貨單」而不直接領出黃金，那麼當你突然急需要用錢時，可以憑著這張發貨單向銀行辦理質押借款，發揮黃金周轉現金的功能。

投資黃金的風險

黃金雖然精緻、實用、又具有保值功能，但是金價忽而大起大落、忽而靜止不動，加上國內尚無公開的黃金交易市場，交易尚未制度化，加上法令不周全，貿然操作的風險不小，投資人準備介入前，一定要先了解以下各項風險。

1 法令不足

國內目前還沒有官方設立公平、公正、公開的黃金交易市場，所以黃金的交易尚未制度化，投資人享有的法令保障明顯不足，無形中增加了不少交易風險。

D　　　　　　　　E　　　　　　　　F

2 價格波動

由於黃金價格與戰爭、經濟動亂等因素息息相關，因此金價的波動情形與股票、期貨大不相同。通常黃金價格都是長時間不漲不跌、然後戰事發生之前就大漲不停，但是戰爭發生之後卻急速下降，讓許多投資人摸不著頭緒。

3 流通性

前面提過國內還沒有公開的黃金交易市場，所以投資人買賣黃金只能單方面找坊間的銀樓或金融機構，不僅會產生流通不易的現象，也容易發生「高買低賣」的情形。而且許多販售黃金的銀行信託部都有一項不成文的規定：「黃金條塊一經提領，本局則不予買回。」使得黃金的流通性更多了一層陰霾。

4 保管收藏

黃金常常是宵小歹徒最愛偷竊的財物之一，而且純金的重量高、色澤維持不易，因此黃金有保管、收藏不易的問題。尤其黃金不像股票、基金屬於記名性質的金融商品，一旦遭竊，投資人只能自行認賠。

目前已有銀行推出「黃金存摺」業務，方便投資人以存摺的方式登錄黃金的買賣，以減少投資人交易實體黃金的不便，並解決收藏、保管黃金的問題。

Investing Basics　投資工具入門學習地圖

投資黃金如何為你賺錢？

黃金雖然不是債券，不能按時享有分配債息的好處；黃金也不是股票，長期投資之後會從一盎司變成兩盎司。但是黃金因為特殊的保值以及避險的特性，所以可以為你賺取以下三種投資利得。

投資黃金的3項利得

1 黃金價格上漲的利得

黃金在市面上流通的價格就像股票價格一樣，都會隨著投資人的自由買賣而出現波動。如果投資人逢低買進黃金，一旦黃金價格持續上漲，投資人就能賺到金價上漲的利得。

2 節稅的利得

舉凡投資股票、基金等都必須被政府課證券交易稅，但是目前國內買賣黃金的相關法令尚未完備，所以投資人不必繳交任何稅金。這對時常買賣黃金的大額投資人而言，可以省下不少的節稅利得。

D　　　　　E　　　　　F

3 賺取套利的利得

黃金不只是以實體的方式呈現，它也是期貨市場中不可缺少的投資商品。當黃金期貨價格超過黃金價格時，投資人可以採取套利的方式，賺取黃金與黃金期貨的價差。

黃金重量換算表

	台錢	盎司（ounce）	公克（gram）
台錢	1	0.12056	3.75
盎司	8.2944	1	31.106
公克	0.2666	0.032148	1

1公斤＝1000公克＝32.148盎司＝266.667台錢
5台兩＝187.5公克＝6.027盎司＝50台錢

黃金在全球交易的單位都是以「盎司」為單位。

Investing Basics　投資工具入門學習地圖

黃金市場如何運作？

　　雖然黃金在國內發展的時間相當長，但是由於台灣不是產金國家、對外資投資限制又多，因此國內黃金交易的情形不足以和全球接軌。投資人無法透過公平、公正、公開的黃金交易市場買賣黃金，只能私下從銀樓、中央信託局、銀行等處買賣黃金。

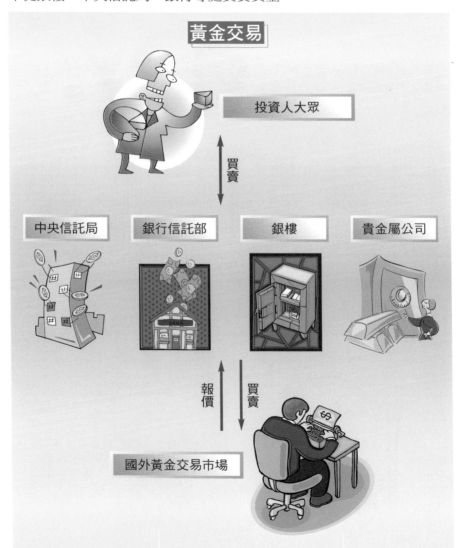

黃金交易

投資人大眾

買賣

中央信託局　　銀行信託部　　銀樓　　貴金屬公司

報價　買賣

國外黃金交易市場

D　　　　　　　E　　　　　　　F

Investing Basics　投資工具入門學習地圖

1 黃金交易市場

台灣目前並沒有設制黃金交易市場的機構，但是包括日本、美國、香港等地的黃金管制較寬鬆，黃金交易量也夠大，因此都有成立黃金交易市場，做為國際買賣商、投資客自由交易的場所。

2 銀樓

專門加工黃金成為金飾的銀樓，是目前國人最常打交道的黃金買賣機構。由於坊間的銀樓素質參差不齊，因此投資人向銀樓買賣黃金時，要特別留意黃金的純度問題。

3 中央信託局

是目前國內金融機構中，兼營黃金業務量最大的單位，包括金塊、金條、金幣等商品都可以在這裡買到。

4 貴金屬公司

國內現有的貴金屬公司大部分都是香港商、美商等國外公司所成立的，買賣的商品不只有黃金，販售項目包括鑽石、白金等。

5 銀行信託部

目前財政部只有開放銀行信託部門兼營紀念金幣、金條等商品的銷售，販售的種類遠不如貴金屬公司，而且有些銀行業者並不接受買者回售黃金，投資人跟銀行信託部打交道時，一定要先詢問清楚。

Learning Map

黃金有哪些種類？

　　投資黃金可以用實際持有黃金實體、以憑證方式（例如黃金存摺）持有、以及透過期貨、共同基金等方式持有。市場上把這些黃金商品的投資，主要分為「實體黃金」及「非實體黃金」兩種。

黃金的投資方式

實體黃金

- 金飾
- 金條、金塊
- 金幣
- 紀念金品
- 藝術金品

非實體黃金

- 黃金期貨
- 黃金存摺
- 黃金基金
- 金礦公司股票

實體黃金

目前國內的實體黃金因為缺乏公開的交易市場，所以大部分都是藉由銀樓或銀行信託部買賣，價格則是以公告金價再加上人工加工雕琢的成本。分類如下：

1 金飾

以黃金打造的項鍊、戒指等飾品。由於黃金質地較軟，一般黃金首飾都必須以合金來打造，無形中削弱了投資價值。另外，從金塊到金飾，店家要花不少心血加工，還要再加上製造商、零售商的利潤，這些費用都將轉嫁在金飾價格中，所以觀賞性質大於投資性質。

D   E   F

2 金幣

由於國際金幣的流通性高，所以投資價值高過一般紀念金章及坊間的金飾。例如美國鷹揚金幣、加拿大楓葉金幣、澳洲鴻運金幣等都是全球公認收藏價值、投資價值較高的金幣。投資者在購買純金幣時要注意金幣上是否鑄有面額，通常情況下，有面額的純金幣要比沒有面額的純金幣價值高。

3 金塊、金條、金錠

金塊、金條的變現性都相當好，全球的交易店家都可以接受投資人買賣，所以投資價格比金飾高，購買時宜挑選999純度的商品，較能保障黃金價值。金條、金塊的投資缺點在於投資金額較為龐大，重量重、保管較為不易。

4 紀念金品、藝術金品

這一類的黃金商品投資價值難以判斷，因為有些不法投機客會介入拉抬炒作，而且投資紀念藝術金品要注意市場流通性問題，尤其人工加工的費用可能侵蝕黃金本身的價值，如果沒有充足的紀念金章的專門知識，最好不要輕易嘗試。

非實體黃金

非實體黃金包括黃金期貨、黃金共同基金、黃金存摺、金礦公司股票等，這些金融商品都是和黃金有實質關係，價格也會跟著黃金價格的漲跌而隨之波動。

1 黃金期貨

以黃金做為約定契約的期貨商品。投資黃金期貨屬於高風險、高報酬的投資方式，投資人要有專業期貨投資知識、時時注意國際局勢及全球經濟發展，才能投資這一類的黃金期貨。

根據過去歷年來的統計，金價每上揚10％，金礦類股的股價就出現40％至50％的漲幅。但是金價每下跌10％時，金礦類股的股價跌幅約20％至30％左右。

D　　　　　E　　　　　F

2 黃金基金

黃金基金主要是把資金投資在黃金礦脈公司的股票上,而不是投資在黃金條塊上。當全球有戰事發生、能源價格走高、有通膨隱憂,造成股市下跌時,這些金礦公司的股價往往出現飆漲的行情,黃金基金的淨值也跟著上漲,表現一定比一般的股票型基金好。因此從避險的角度來看,投資人可以適度地持有黃金基金。

3 黃金存摺

黃金存摺就是投資人買賣黃金時,以「存摺」的方式登錄買賣交易紀錄。投資者可以隨時委託銀行買進黃金,然後直接存入存摺;也可以隨時將黃金回售給本行,或向銀行提領黃金條塊。

目前國內開辦黃金存摺的銀行,買賣標的為「黃金條塊」,並且以一公克黃金做為買賣的基本交易單位,方便投資人以較少的金額投資黃金。但是請注意:黃金存摺屬於「無息存摺」,也就是說投資人不會收到銀行給的任何利息或黃金配息。

Investing Basics 投資工具入門學習地圖

207

什麼人應該投資黃金？

黃金的保值、觀賞、裝飾的價值，幾乎每個人都有買進黃金的需要。但是在黃金投資方面，則必須檢視你的資金狀況，因為黃金無法為你再生利息、或配發額外的黃金，並非每一個人都應該投資黃金。

適合投資黃金者

1 資產富足的中老年人

黃金在戰亂或經濟混沌不明的時代，具有對抗通貨膨脹的功用，所以股票、基金、債券等資產富足的中老年人，應該把黃金投資列入資產組合之一，以便坐收避險、保值的效益。

2 從事海外經商的大貿易商

美元匯率的走勢常和黃金價格的走勢背道而馳，因此常在海外經商的企業廠商，如果公司內部擁有太多的美元資產，可能因為美元的巨幅貶值，而蒙受極大的資產縮水損失。最好購買部分黃金條塊，以便壯大自家公司在戰亂中的風險承受能力。

Investing Basics　投資工具入門學習地圖

3 長期投資基金的民眾

前面提過，國外金礦公司的股價在全球經濟局勢不穩之際，具有大漲小回的走勢特性。在國內很難買到這一類國外股票的情形下，長期投資在穩健型基金的民眾可以把黃金基金列入投資組合中。

截至91年底為止，近3年來全球黃金基金平均的投資報酬率高達54.35％。

4 對藝術收藏品有興趣的投資者

對藝術收藏品有興趣的投資者，不論你是坐擁上億資產的富商，或只是收入不多卻有收藏嗜好的上班族，你都可以透過大筆買進、或依靠黃金存摺一點一滴累積的方式，來投資兼具觀賞、把玩、裝飾的黃金商品。

如何跨出投資黃金的 第一步？

買賣黃金其實很簡單，它不像股票、期貨那樣必須先開立證券交易帳戶，才能在集中市場買賣。即使是投資「黃金存摺」，也和開立銀行帳戶一樣簡便，投資人只要按照以下步驟，就能輕易投資上手了。

購買黃金 step by step

1 ▶▶▶ 攜帶身分證及印章，在銀行營業時間內到信託部櫃檯

2 ▶▶▶ 填寫申購黃金條塊表格

3 ▶▶▶ 以現金繳款給銀行（也可以用支票繳款，但是必須等到支票兌現後，銀行才會給你黃金條塊）

4 ▶▶▶ 銀行當場交付黃金（如果你不想當場提貨，銀行會改發「發貨單」給你，黃金則由銀行代為保管，日後只要憑身分證、發貨單及原留印鑑就能提領黃金）

請務必保管好銀行開給你的統一發票，因為這張統一發票象徵此黃金條塊的買進憑證，日後回售給銀行或銀樓時，可以做為黃金來源的證明。

D   E   F

回售黃金 step by step

1 ▶▶▶ 攜帶銀行的發貨單、身分證及印章，到原銀行機構櫃檯（銀行信託部都有一項不成文的規定：黃金條塊一經提領，本行則不予買回。因此必須當初未提領黃金的投資人，才符合銀行買回黃金的規定）

2 ▶▶▶ 填寫黃金售出憑條等表格

3 ▶▶▶ 交付發貨單，銀行核對投資人身分

4 ▶▶▶ 銀行交付款項，完成交易

Investing Basics　投資工具入門學習地圖

投資黃金有什麼訣竅？

投資實體黃金最重要的地方，當然就是絕不能買假的黃金或是純度不佳的黃金，其次是自己要正確地保管好黃金商品，以免將來脫手時，因損壞或純度不佳而賣不掉或賣不出好價錢。此時你必須確實掌握以下黃金買賣、鑑定、保管等訣竅，才能在黃金商品中快樂投資。

投資黃金期貨、黃金基金、黃金股票的訣竅，請見前面投資期貨、投資基金、投資股票等單元。

買賣的訣竅

黃金屬於實體傷品，絕不可能以一通電話或網路線上下單就能完成買賣，所以當你準備買進黃金時，必須牢記以下的訣竅：

1

挑選信譽良好而非售價低廉的銀樓或貴金屬公司。

Learning Map

2

買進黃金之前,先認清自己的需求。如果是為了保值目的,最好買金條、金塊,因為這一類黃金的買進、賣出價格差價較小,保值功用較大。

3

如果是為了裝飾、佩戴之用,可以買手環等加工金飾,但是這一類黃金的買進、賣出價格差價較大,自己要有心理準備。

4

買進黃金一定要向商家索取保單,以證明此黃金來源沒問題、不是贓物,也方便日後回售給商家。

5

無論是金塊、金條或是金飾,最好都要有壓印黃金成色的字樣,以及該公司或銀樓的商號,以免保單遺失之後不易變現。

鑑定的訣竅

　　銀樓仍是大部分投資人買賣黃金的地方，黃金的成分及純度都有可能發生些微差異。所以投資人一定要親自向店家要求鑑定黃金，你可以掌握以下幾點鑑定的訣竅：

1

使用火嘴噴焰器，以火焰對黃金加熱，如果黃金的純度不假，色澤仍然會保持鮮黃；如果是K金的黃金，遇到烈火就會出現暗黑色的氧化現象。

2

自備另一個純金比重的黃金，以天平秤出兩者之間是否具有同樣的重量。

3

以鋸斷的方式看看黃金產品裡面，是否有摻雜其他金屬雜質。

4

先把黃金在試金石上，用力劃上一道刻痕，然後在刻痕上滴上一、二滴硝酸液。此時如果色澤呈現金黃色系，表示此黃金的純度相當高；如果顏色呈現黯淡不明，表示黃金的純度不足。

D   E   F

保管收藏的訣竅

黃金雖然色澤光鮮亮眼，但是如果不好好保存，放久了之後仍然會出現昏暗不明的現象，尤其金飾的厚度較薄，保管及收藏時更要特別留意：

1

黃金的延展性較高，所以黃金項鍊等金飾不應該經常拉拔，以免出現變形、損壞情形。

2

為了成本的緣故，大部分的金鐲內部都是中空的，所以切忌重壓，以免無法恢復原狀。

3

金飾長時間攜帶之後，容易積藏污垢，此時可以直接以肥皂、牙刷（切忌用硬質的菜瓜布）清洗後，用吹風機烘乾即可。

4

金塊、金幣切勿收藏在潮溼的地方，最好收放在防潮箱、或銀行的保管箱裡，既可妥善收藏又可防止遭竊。

哪裡可以找到相關資訊？

　　由於國內缺乏正式的黃金交易市場，所以投資人要找尋黃金價格的相關資訊，最終還是必須透過國外的商情資訊網站，才能找到最即時、最詳盡的黃金資訊及行情。以下是獲得黃金交易訊息的管道：

蒐集黃金資訊的管道

網站　WWW.....

美聯社
www.ap.org
即時黃金行情報價、國際重大即時新聞

彭博資訊
www.bloomberg.com
即時黃金行情報價、國際重大即時新聞

路透社
www.reuters.com
即時黃金行情報價、國際重大即時新聞

鎮金店
www.justgold.cc
黃金產品訊息、各分店營業地點

Learning Map

D   E   F

WWW....

網站

謝瑞麟
www.tsljewellery.com/
黃金產品訊息、各分店營業地點

王鼎貴金屬
netcity4.web.hinet.net
提供黃金條塊買賣、黃金行情、黃金資訊

中國國際商業銀行
www.icbc.com.tw
黃金業務簡介、黃金牌價、市場分析

中央信託局
www.ctoc.com.tw
黃金業務簡介、黃金牌價、黃金市場短評

media....

媒體

經濟日報
黃金期貨行情、現貨行情表、國際間重大財經新聞

工商時報
黃金期貨行情、現貨行情表、國際間重大財經新聞

Investing Basics 投資工具入門學習地圖

學習地圖

11

信貸緊縮法

景氣循環

經濟指標

IPO

金融危機

投資房地產

投資房地產門檻高、變現不易,但卻也是最多人想要擁有的投資標的。在房地產市場低迷的環境中,投資房地產要怎麼獲利?什麼人適合投資房地產?房地產的投資相關細節,本篇都有仔細說明。

本 篇 提 要

介紹房地產相關概念

買賣房地產相關細節

投資房地產的訣竅

Learning Map

房地產是什麼東西？

「房地產」顧名思義就是指房屋、土地等有形資產，它與其他投資工具最大的不同點在於：房地產是唯一可以拿來「使用」、「享受」的投資工具。另外，房地產地點的不可取代特性以及土地的稀有性，使得房地產價格即使下跌，熱門的產品標的一樣能夠發揮保值的作用。

雖然現在房地產投資不再侷限於土地一項，而且經濟連年不景氣也嚴重影響高總價的房地產市場，但是由於房地產是唯一和人產生直接關係的投資工具，所以只要是有人的地方，房地產這項投資工具就會永遠存在，而且絕對不會永遠不景氣。

房地產與經濟成長關聯

房地產產業一向號稱「火車頭產業」，具有帶領一國經濟景氣成長的指標意義。理由是它是百分之百的內需型產業，而且一棟房子的興建需要鋼鐵、水泥、陶玻、運輸、家具、廣告行銷、媒體、房仲、營造等各行各業配合，一旦房地產景氣熱絡自然能夠提升百業的景氣。

鋼鐵等百業
景氣欣欣向榮

經濟成長、景氣熱絡

房地產價格上漲、
建商蓋屋意願大增

股市上漲、
國民所得增加

D   E   F

投資房地產的好處與風險

　　投資房地產好處多多，包括可住、可增值、可出租、不會失竊等優點。但是投資總價高、變現不易等問題常使民眾退避三舍，投資前要三思而行。

投資房地產的好處

1 使用性佳

股票、基金、債券的投資工具都只是一種權利的憑證，而房地產不僅是一種資產的憑證，更重要的是它可以拿來自住（房屋）、自用（土地、店舖）或是以出租的方式賺取租金收益。

2 無遺失或保管問題

持有股票、基金、債券等憑證會擔心失竊或不易保管的問題，如果不慎遺失了，後續的補發程序相當麻煩。房地產又稱「不動產」，只要你是所有權人，任何竊賊都無法偷走你的這項「不動產」。

3 不可替代性

華碩的股王地位終究被聯發科技所取代，但是忠孝東路、信義計劃區只有一個。換句話說，地點好的房地產標的具有其他投資工具所沒有的「不可替代性」，也由於房地產地段的稀有特性，能夠讓投資人賺得穩定增值的獲利。

4 對抗通貨膨脹

雖然近幾年的房地產市場並不活絡，但它仍然是絕佳對抗通貨膨脹的利器，理由是一旦國內經濟發生通貨膨脹的情形，金錢的購買能力下降，所有的物價、土地價格、勞工薪資、鋼筋建材價格隨之上升，房地產價格當然跟著上漲。此時把錢投入房地產中，就能發揮保值、增值的功用。

1

2

3

4

投資房地產的風險

雖然房地產具有「稀有性」、「可使用性」的特性，但是由於土地價格昂貴、人工、建材等成本居高不下，使得投資房地產有總價高、變現不易等缺點。

1 投資金額高

土地價格昂貴、人工建屋成本高等因素迫使房地產的總價居高不下，連帶影響一般人的投資意願。

2 變現不易

一般如股票、基金等投資工具只需要1至2天就可以賣出變現，但是房地產的總價太高，無形中壓縮了投資客源的人數，所以會有變現不易的問題。

3 稅負及其他成本不低

投資房地產要面臨契稅、土地增值稅、地價稅等問題。除了上述有關稅負的問題之外，還得支付其他如代書費、仲介費、房屋火險等費用，相關的投資成本比其他投資工具還高。

投資房地產如何賺錢？

　　雖然房地產市場近幾年來極為低迷，只要選擇好的投資標的，仍然能夠讓你的本錢保值又增值，其中主要讓投資人賺錢的因素，就是因為房地產具有可以「使用」、「出租」等功用、以及地點無可取代的增值效益。

投資房地產的3項利得

1 房價增值利得

好的房地產產品可能因為附近的捷運通車、生活機能便利、公園啟用等利多，而吸引投資人爭相購買、或自住購屋族進駐，房價自然呈現緩步上漲的局面。此時原先投資、或自住型屋主就可以享受資產增值的利得。

2 出租利得

如果你買了房子卻因為某些因素而閒置不用時，你可以用「出租」的方式將房屋租給別人使用，然後按月收取租金。如果當地每月房租高於每月房貸金額時，你更可以買下房子之後出租給房客，讓房客的租金幫你繳交房屋貸款。

買下房地產

尋得房客

賺進房屋租金

3 財務槓桿利得

由於房地產的總價高達數百萬、甚至千萬元，投資人可以準備房價的三成資金，不足的部分再向銀行借貸，發揮「以小搏大」的投資槓桿效益。一旦房地產價格上揚，這種財務投資的槓桿效益就能為你賺得極大的投資報酬。

Investing Basics　投資工具入門學習地圖

11

A　　　　　　　B　　　　　　　C

房地產市場如何運作？

　　房地產市場屬於內需型的投資市場，由於投資買賣的金額龐大，所以從買進到賣出的投資過程中，都可以看到許多扮演中間媒介的服務機構。由於他們的加入，也促使房地產市場更加活絡，形成有別於其他投資市場的運作景象。

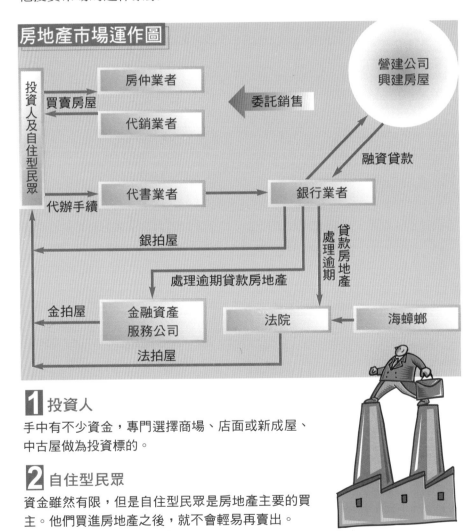

房地產市場運作圖

投資人及自住型民眾

買賣房屋 → 房仲業者 / 代銷業者 ← 委託銷售 ← 營建公司興建房屋

融資貸款

代辦手續 → 代書業者 → 銀行業者

銀拍屋

貸款房地產處理逾期

處理逾期貸款房地產

金拍屋 → 金融資產服務公司　　法院 ← 海蟑螂

法拍屋

1 投資人
手中有不少資金，專門選擇商場、店面或新成屋、中古屋做為投資標的。

2 自住型民眾
資金雖然有限，但是自住型民眾是房地產主要的買主。他們買進房地產之後，就不會輕易再賣出。

D　　　　　　　　　E　　　　　　　　　F

3 法院

屬於銀行與房屋買主之間的媒合機構，扮演拍賣房屋市場的牽線角色。

4 海蟑螂

指專門以低價圍標法拍屋，然後再以較高價格出售的投資客。

5 代銷業者

屬於建商與房屋買主之間預售房屋市場的媒合機構。

6 房仲業者

屬於建商或屋主與房屋買主之間的媒合機構，扮演整體房屋仲介市場的造市者角色。

7 營建業者

指興建住宅及辦公大樓產品的公司，扮演整體房地產市場供應者角色。

8 銀行

提供房地產投資者所需要的資金，另外銀行本身也是拍賣屋的主要供應者。

9 代書業者

協助房地產買主代辦各項過戶、契約鑑證等事務。

10 金融資產公司

協助銀行處理逾放的不良房地產，將拍賣屋引薦給房屋買主。

A　　　　　　　　　B　　　　　　　　　C

房地產有哪些種類？

　　房地產市場的範圍相當大，從產品類別、屋況、屋齡以及拍賣方式等，各有不同的區分類型。以下是投資人必須了解房地產的區分種類：

以產品類別區分

項目	套房	一般住宅	辦公商品	店面	土地
說明	指屋內僅有一個房間及一套衛浴設備	指套房以外的住宅產品，其中又以三房的住宅最被購屋族群所接受	指專供企業租用的大樓房地產	指可以營業開店及自住的一樓產品	指尚未興建任何建物的空地
坪數範圍	約8至15坪	約16至100坪不等	約30至200坪以上	約12至50坪以上不等	面積從20至上百坪不等
分布地區	市中心或捷運站附近	分布於各地住宅區	大都集中在市區精華地段	位於市中心外圍的住宅區店面交易最為熱絡	市中心幾無空地，主要分布在市中心外圍的郊區
優點	低總價、人人買得起	最受廣大自住、投資型民眾青睞	租金收益頗為可觀	店面具有自用、出租兩相宜的優點	具稀有性、增值性強的特點
缺點	虛坪多、每坪單價高	房屋總價高	單價、總價皆高，非一般人所能投資	單價、總價皆高，非一般人所能投資	單價、總價皆高，非一般人所能投資

Learning Map

以屋齡區分

項目	預售屋	新成屋	中古屋
說明	尚未興建但是先行出售的房屋	剛完工不久的新房屋	前任屋主居住過、屋齡超過一年以上的房屋
價格	銷售單價較高	銷售單價比預售屋低	銷售單價最低
付款方式	繳完頭期款後，按工程進度繳交分期款項	繳完自備款後，其餘申請銀行貸款	繳完自備款後，其餘申請銀行貸款
優點	付款方式較輕鬆	屋況可以親身體驗，大幅降低投資風險	單價、總價最低，所以房貸壓力最輕
缺點	投資前須籌措約屋價的三成自備款、須承擔建商中途倒閉、房子無法完工的風險	投資前須籌措約屋價三成的高額自備款	屋況缺乏保證、不易掌握後續狀況

Learning Map

以拍賣方式區分

項目	法拍屋	金拍屋	銀拍屋
投標處所	法院開標室	金融資產服務公司	銀行內部
貸款方式	投標人須自理	有合作銀行代辦房屋貸款事項	銀行自行提供優惠房貸
產品說明	銀行貸款設定抵押後，因繳不出房貸被法院查封拍賣的房屋	銀行內部不良的逾放抵押房屋，由金融資產服務公司負責協助法院處理拍賣的房屋	銀行貸款客戶繳不出房貸、或法院拍賣不掉重新回流至銀行的房屋
優點	地段及屋況較好、屋價較便宜	地段及屋況較好、可以事先看屋，投資風險較小	議價空間大、房貸利率較低、貸款成數較高。
缺點	房屋不負責物之瑕疵擔保責任、且不能事先看屋，投資風險較大	屋價未必較便宜、不負責物之瑕疵擔保責任	地段與屋況條件較差，可挑選個案數量較少

D　　　　　　　　E　　　　　　　　F

什麼人應該投資房地產？

　　前面曾經一再提過：房地產市場屬於高總價的投資工具，並非每一個人都適合投資或涉足，尤其投資房地產之前，身邊必須先有一筆可觀的購屋自備款。所以你應該先看看自己是否適合投資房地產。

適合投資房地產者

1 雙薪家庭的上班族

有房子才會有「家」的感覺。雙薪家庭的上班族擁有穩定且豐碩的工作收入，足以應付買了房屋之後，每月增加的沈重房貸壓力，所以為自己的家庭買一個終身的住所，是合理而且必要的事。

Learning Map

② 高收入的單身貴族

雖然你只是單身貴族，沒有配偶共同分擔房貸壓力，但是只要你的收入穩定且豐厚，你還是可以把錢投資在總價較小（例如套房）的房地產上，一方面為自己建立資產；另一方面也可以強迫自己把眾多的金錢存下來繳房貸。

③ 事業有成的企業主

企業經營者在商場上賺錢之後，買下房地產除了可以做為自家企業的辦公處所之外，還能為企業增添對外洽商的資產籌碼，以及銀行融資的擔保資產。

④ 衣食無虞的中年者

手邊有不少積蓄的中年投資者可以考慮把錢投資在店面、辦公大樓上，以便日後退休時，還能坐收房地產出租的租金收益。

如何跨出投資房地產的第一步？

　　房地產的種類很多，交易流程又涉及不少法律規定，一般人很難全盤理解。不過，只要你熟知以下步驟，仍然可以應付得宜：

投資房地產step by step

1 ▶▶▶▶ 規劃財務、籌措購屋自備款

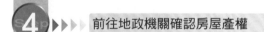

2 ▶▶▶▶ 蒐集屋訊、找尋合適的房屋

3 ▶▶▶▶ 談妥房價、交付訂金

4 ▶▶▶▶ 前往地政機關確認房屋產權

Investing Basics 投資工具入門學習地圖

5 ▶▶▶▶ 與屋主（或建商）簽訂房屋買賣契約

6 ▶▶▶▶ 委託代書（或自辦）申報
產權移轉、各項稅負

7 ▶▶▶▶ 申請銀行貸款、對保

8 ▶▶▶▶ 完成過戶及設定房屋抵押手續

9 ▶▶▶▶ 銀貸撥付給原屋主

10 ▶▶▶ 結清交屋尾款、點交房屋

11 ▶▶▶▶ 歡喜搬新家

投資房地產有什麼訣竅？

　　房地產是一項總價金額相當高的物品，而且它是一個可以運用財務槓桿、長久使用，而且複雜的投資工具，因此你必須確實掌握殺價、看屋、投資等訣竅，才能在房市中穩健獲利、快樂居住。

殺價的訣竅

房子是一種高總價的商品，如果能夠成功殺價，那麼節省下來的金錢甚至可以超越自己一年的所得。

1

房市不景氣時，賣屋人平均一天等不到一個真正想購屋的買主，如果你表現出強烈的購買誠意，賣屋人為了儘快售出房屋，就會以較低的房價賣給你。

2

採哀兵姿態，表明購屋自備款有限，希望能減少頭期款金額。

3

挑出這間房屋的隔間、交通、生活機能等缺點，做為殺價的理由。

4

向賣屋者談論周遭個案，以這些較低房價的個案做為殺價的籌碼。

Learning Map

看屋的訣竅

不論是投資拍賣屋或購買自用新屋，都一定要親自了解屋況，你可以掌握以下幾點看屋的訣竅：

1

把眼睛貼近壁面，觀察是否有細細的裂紋，以及牆壁是否平整。

2

以手撫摸壁面，看看是否有粉刷氣泡或起伏不平等缺陷。

3

注意天花板是否漏水及樑柱上的裂縫。

4

看屋時務必做到白天看、晚上看、雨天看的地步。

5

詢問鄰居生活細節上的各種問題，例如當地的水壓高低情況、治安是否良好？停水、停電頻率如何？垃圾的傾倒地點等等。

Investing Basics　投資工具入門學習地圖

投資賺錢的訣竅

房地產是國人普遍偏好的投資工具之一，坊間常見投資房地產的方式包括以下幾招：

1

低價買進中古屋、拍賣屋之後，自己動手DIY整修、粉刷房舍，甚至自掏腰包改裝隔間配置、重新裝潢，就能以高價出售、賺取房屋價差。

2

向原屋主承租房屋之後，再以較高的房租金額，將房屋分租給別的房客，賺取房租的價差。

「二房東」指的就是向原屋主承租房屋之後，再以較高的房租分租給其他房客的投資客。

3

不想租屋卻又無力單獨負擔房貸壓力時，可以在買下房屋之後，將其中的部分房間分租出去，以便以租金繳付部分的房屋貸款。

如果你想進一步了解如何投資房地產，請參閱《投資房地產學習地圖》。

11

A　　　　　　　　B　　　　　　　　C

Learning Map

哪裡可以找到相關資訊？

　　房地產的行情不會一夕數變，但是它是一項牽涉地點、稅負、總價、產權等多樣因素的商品，一般的民眾不論是投資或是自住，都只能多多蒐集房地產資訊，充實自己的買賣知識，才不會受騙上當，或買到太高的房價。你可以從以下的管道，取得所需的房地產訊息。

蒐集房地產資訊的管道

WWW.....

網站

信義房屋
www.sinyi.com.tw
購屋建議、中古屋案件明細、房地產市場現況分析

永慶房屋
www.yungching.tw
購屋建議、中古屋案件明細、房地產市場現況分析

太平洋房屋
www.pacific.com.tw
購屋建議、中古屋案件明細、房地產市場現況分析

台灣金融資產服務公司
www.tfasc.com.tw
金拍屋投資建議、金拍屋開標日期、案件明細

內政部營建署
www.cpami.gov.tw
房地產景氣分析、市況統計資料、不動產政令宣導

各縣市地方法院
地方法院法拍屋公告欄
法拍屋案件明細、標的物坐落等資料、投標日期

D　　　　　　　　E　　　　　　　　F

網 站

世華銀行
www.uwccb.com.tw
房屋貸款利率現況、優惠房貸措施、銀拍屋案件明細

土地銀行
www.landbank.com.tw
房屋貸款利率現況、優惠房貸措施、銀拍屋案件明細

華南銀行
www.hncb.com.tw
房屋貸款利率現況、優惠房貸措施、銀拍屋案件明細

media....

媒 體

經濟日報	工商時報
房地產新聞、投資分析、建商動態	房地產新聞、投資分析、建商動態
各大報分類廣告	易富誌
預售屋、中古屋待售個案、金拍屋投標訊息	房地產投資分析及建議、預售屋產品廣告
Smart智富月刊	財訊
房地產投資分析及建議、預售屋產品廣告	房地產投資分析及建議、預售屋產品廣告

Investing Basics　投資工具入門學習地圖

國家圖書館出版品預行編目資料

投資工具入門學習地圖 / 吳正治作. --初版
臺北市：早安財經文化, 2003[民92] 面； 公分--（理財學習地圖系列；11）
ISBN 957 28430-3-6（平裝）
1. 投資　2. 理財
563.5　　　　　　92003480

Learning Map系列 11

投資工具入門學習地圖
Investing Basics

編　　　著	早安財經編輯室・吳正治
副 總 編 輯	童素芳
美 術 編 輯	小　米

發 行 人	沈雲驄
出版 / 發行	早安財經文化有限公司
地　　　址	台北市羅斯福路二段70號9樓之4
電　　　話	（02）2397-0616
傳　　　真	（02）2397-0676
劃 撥 帳 號	19708033　早安財經文化有限公司

總 經 銷	大和書報圖書股份有限公司
地　　　址	台北縣新莊市五工五路二號（五股工業區）
電　　　話	（02）8990-2588
傳　　　真	（02）2290-1658

定　　價　　299元
ISBN：957-28430-3-6（平裝）
初 版 七 刷　　2005年4月

讀者回函卡 早安財經文化有限公司

謝謝您購買這本書。為提升對讀者的服務品質，煩請詳細填寫下列資料，傳真(02)2397-0676或寄回早安財經文化(免付回郵)，即可不定期收到本公司相關的出版訊息，以及各種購書優惠。

step1 您的基本資料

姓名：　　　　　　　性別：　　　　　　年齡：

電話：　　　　　　　　　　　　　傳真：

E-mail：

住址：

學歷：□小學（含以下）□國中 □高中 □大專 □研究所（含以上）

職業：□學生 □公教人員 □家管 □軍警 □服務業 □製造業 □銷售業 □農漁牧業 □大眾傳播
　　　□自由業 □資訊業 □金融業 □退休 □其他

step2 您對本書的評價

☺本書書名：　　　　　投資工具入門學習地圖

☺您從哪裡得知本書消息：
　　□書店 □媒體報導 □報紙 □雜誌廣告 □親友介紹 □廣告DM □廣播節目 □電視節目 □其他

☺讀完本書後您覺得：
　　內容：□夠酷 □滿意 □還好 □應改進
　　編排：□夠酷 □滿意 □還好 □應改進
　　封面設計：□夠酷 □滿意 □還好 □應改進
　　價格：□夠酷 □滿意 □還好 □應改進

step3 您的理財投資習慣

☺過去曾經投資／貸款：□共同基金□股票□外匯□期貨□房地產□保險□選擇權□認購權證
　　□衍生性金融商品／□車貸□房貸□信用貸款□信用卡借款
　　未來打算投資／貸款：□共同基金□股票□外匯□期貨□房地產□保險□選擇權□認購權證
　　□衍生性金融商品／□車貸□房貸□信用貸款□信用卡借款

☺可投資的資產：□1萬～10萬□10萬～50萬元□50萬～100萬元□100萬～500萬元
　　□500萬～1000萬元□1000萬元以上

☺您希望早安財經提供您什麼樣的理財投資資訊：

step4 您的意見

☺您喜歡哪種類型的書籍：
　　□財經 □企管 □心理 □勵志 □社會人文 □羅曼史 □傳記 □音樂藝術 □文學 □保健 □漫畫
　　□自然科學 □其他

☺您給編輯的建議：

廣　告　回　信
台 北 郵 局 登 記 證
台北廣字第000394號

早安財經文化有限公司　　收

台北郵政 30-178號
電話：(02) 2397-0616
郵撥帳號：19708033　早安財經文化有限公司